黄海

故事

Stories of Yellow Sea

黄海故事

陆儒德◎主编

文稿编撰/柳晓曼 孔晓音 刘成

中国海洋大学出版社
CHINA OCEAN UNIVERSITY PRESS
·青岛·

魅力中国海系列丛书

魅力中国海
我们的海洋梦

Charming China Seas
Our Ocean Dream

魅力中国海 我们的海洋梦

中国是一个海陆兼备的国家。

从天空俯瞰辽阔的陆疆和壮美的海域，展现在我们面前的中华国土犹如一个硕大无比的阶梯：这个巨大的“天阶”背靠亚洲大陆，面向太平洋；它从大海中浮出，由东向西，步步升高，直达云霄；高耸的蒙古高原和青藏高原如同张开的两只巨大臂膀，拥抱着华夏的北国、中原和江南；整个陆地国土面积约为960万平方千米。在大陆“天阶”的东部边缘，是我国主张管辖的300多万平方千米的辽阔海域；自北向南依次镶嵌着渤海、黄海、东海和南海四颗明珠；18000多千米的海岸线弯曲绵延，更有众多岛屿星罗棋布，点缀着这片蔚蓝的海域，这便是涌动着无限魅力、令人魂牵梦萦的中国海！

中国的海洋环境优美宜人。绵延的海岸线宛如一条蓝色丝带，由北向南依次跨越了温带、亚热带和热带。当北方的渤海还是银装素裹，万里雪飘，热带的南海却依然椰风海韵，春色无边。

中国的海洋资源丰富多样。各种海鲜丰富了人们的餐桌，石油、天然气等矿产为我们的生活提供了能源，更有那海洋空间等着我们走近与开发。

中国的海洋文明源远流长。从浪花里洋溢出的第一首吟唱海洋的诗歌，到先人面对海洋时的第一声追问；从扬帆远航上下求索的第一艘船只，到郑和下西洋海上丝绸之路的繁荣与辉煌，再到现代海洋科技诸多的伟大发明，自古至今，中华民族与海相伴，与海相依，创造了灿烂的海洋文化和文明，为中国海增添了无穷的魅力。无论过去、现在和未来，这片海域始终是中华民族赖以生存和可持续发展的蓝色家园。

认识这片海，利用这片海，呵护这片海，这就是“魅力中国海系列丛书”的编写目的。

“魅力中国海系列丛书”分为“魅力渤海”、“魅力黄海”、“魅力东海”和“魅力南海”四大系列。每个系列包括“印象”、“宝藏”、“故事”三册，丛书共12册。其中，“印象”直观地描写中国四海，从地理风光到海洋景象再到人文景观，图文并茂的内容让你感受充满张力的中国海的美丽印象；“宝藏”挖掘出中国海的丰富资源，让你真正了解蓝色国土的价值所在；“故事”则深入海洋文化领域，以海之名，带你品味海洋历史人文的缤纷篇章。

“魅力中国海系列丛书”是一套书写中国海的“立体”图书，她注入了科学精神，更承载着人文情怀；她描绘了海洋美景的点点滴滴，更梳理着我国海洋事业的发展脉络；她饱含着作者与出版工作者的真诚与执著，更蕴涵着亿万中国人的蓝色梦想。浏览本丛书，读者朋友一定会有些许感动，更会有意想不到的收获！

愿“魅力中国海系列丛书”能在读者朋友心中激起阵阵涟漪，能使我们对祖国的蓝色国土有更深刻的认识、更炽热的爱！请相信，在你我的努力下，我们的蓝色梦想，民族振兴的中国梦，一定会早日成真！

限于篇幅和水平，书中难免存有缺憾，敬请读者朋友批评指正。

盖广生

2014年元月

Preface 前言

Stories of Yellow Sea

书页轻启，一缕轻柔的海风扑面而来，海风之中，黄海广博的气息、跌宕的身世和多彩的文化如同无声春雨，一一浸润我们的心灵。放任思绪，乘着这海风飘荡，放眼望去，黄海那些人儿，黄海那些事儿，黄海那些诗情画意、那些灿烂辉煌浩荡飘渺，动人心魄。穿越历史尘嚣而来的，还有黄海那些抹不去的记忆，这些记忆如同浑厚沉默的礁石，坚守着黄海的前世今生，述说着黄海的大气磅礴。

潋滟波光映照着黄海的人儿：渭河边直钩垂钓的智者姜子牙；田横岛惜别五百壮士、慷慨赴死的齐王田横；崂山里冥思悟道、悲天悯人的道人丘处机……这些人儿一个一个莫不慷慨激昂、达观坦诚，怀抱一颗赤子之心，如黄海般壮阔从容。

海风习习飘荡着黄海的事儿：渔家女儿的一袭红装随着海风飘飞，渔民的一身“老棉袄”里缝纳着质朴的情谊；海风还吹来了黄海畔海鲜的清香，吹开了福山菜特有的味道；还有那一栋栋迎风而立的房舍，童话一般的“海草房”，讲述着过往和历史的风雨；当然，海风中飘荡着的还有那海洋狂欢的热闹，有那黄海习俗的趣味，在历史的尘烟之中鲜艳生动。

星辰点点描绘着黄海的诗情画意：星辰下闪烁着这片海域里世代相传的传说，多彩多姿的海洋文化又给这片星空增添了几分灵动。黄海之上，歌舞、传说、文学作品如恒河沙数，在

天空缓缓升腾幻化为一颗颗星辰，最终汇聚成一条诗情画意的艺术银河。

海浪翻卷展现着黄海的灿烂辉煌：在这片海域之上，徐福向东而渡，为秦始皇寻访仙山，化作历史谜团；在这片海域之滨，古港船只穿梭，让人与物流转贯通，徒留古港巍巍；在这片海域之畔，近代实业兴起，试图力挽狂潮。

礁石静默守护着黄海的记忆：胶东半岛、辽东半岛千百年历史变迁的浮浮沉沉，北洋舰队从侧面见证着一个国家的盛衰荣辱，还有历史深处的闯关东的悲壮之声，以及五四运动留给历史的激昂呐喊……

浪花涌起，无论那人，那事，那诗情画意、辉煌灿烂还是历史记忆，都汇聚在此书，安卧在你的指尖，只待你信手一翻，便将那黄海的喜怒哀乐渐次展开……

Contents 目录

Stories of Yellow Sea

01 黄海故事

02

03 黄海那些诗情画意/067

04 黄海那些辉煌灿烂/093

05

黄海那些人儿

YELLOW SEA FIGURES

01

岁月如歌，转眼间，多少风流人物在黄海浪涛里各领风骚；时光如梭，回首处，多少英雄事迹在黄海碧波里尽显风流。天马行空的义士，暮潮风卷的英雄，辛勤耕耘的海洋学者，无一不与黄海结下了难解之缘。潮涨潮落，多少张面孔若隐若现，多少个名字随风飘散，多少桩传奇化为云烟……时代的痕迹隐匿在白云帆影之间，前情往事在海浪的洗礼中更换了容颜，唯有浩荡黄海依然翻滚。但见它以宽广的心胸，咆哮的身姿，眼含落日，吞吐烟霞，缅怀那些远去的人物。

大钓本无钩，黄海亦无涯——姜子牙

漫步在厚重的史册典籍中，徜徉于经史文论的密林里，姜子牙，以其华发的形象和睿智的头脑占据了重要的篇幅。放眼当下，各种版本的影视作品更是将他的故事演绎到神话的程度。苍崖虽有迹，大钓本无钩。钓在指尖，计在心头。静守在渭水之畔的姜子牙用无钩的钓竿，钓起了雄心壮志的不朽传说，钓来了身后的千秋伟业，更钓出了齐鲁文化含苞待放的蓓蕾。于是，这位出生于黄海之滨，后又惠泽黄海地域的传奇人物，他出将入相的伟绩，历史为之侧目，后世为之倾倒。

姜太公雕像

晚年发迹的华发智叟

翻阅姜子牙的生平，一个数字如电光石火般抢占了我们的眼球：139岁！据说这就是姜子牙的寿命。约公元前1156年，姜子牙出生于商朝末年；约公元前1017年，姜子牙去世，当时是西周康王六年。从殷商到西周，姜子牙的一生便在这139年的岁月中跌宕起伏。

《史记》记载，姜子牙本是东海人，也就是黄海之滨的山东日照人。

说起姜子牙的家世，还颇有一段渊源。据说，他的祖先曾在协助大禹治水时立下功劳。可以说，姜子牙的来历竟也与神话有着丝丝缕缕的勾连。姜子牙出生时，家境已经败落，这也使得姜子牙在年轻时从事过许多市井职业。比如，他干过宰牛卖肉的屠夫，开过酒店卖过酒。在市井之中，姜子牙目光高远，始终勤奋刻苦地学习各种知识，可以说是上知天文，下知地理，并精通军事谋略。他悉心研究治国安邦之道，企望有一天能施展才华。

姜尚（约公元前1156－约公元前1017），字子牙，世称姜太公，是周文王、武王讨伐殷商的首席谋主、最高军事统帅及西周的开国元勋。西周建立之初，被封为齐国国君。姜子牙是齐文化的创始人，中国古代杰出的韬略家、军事家与政治家，历史影响源远流长。

然而，姜子牙这位饱学之士并未受到商朝的重用，一直处于怀才不遇的境地。熟知这段历史的人可以一下子联想到当时的时代背景。时值商朝末年，纣王执政，昏庸无道，有志之士都难以大展宏图。据方志中的描述，姜子牙曾寄居在商朝的都城朝歌城南，做过卖笊篱、面粉、牛肉等小本生意，可是都不顺利。后来，他又开了个算命馆，并在商朝谋了个下大夫的职位。然而，纣王的荒淫让他意识到自己所遇并非明主，于是，他辞去职位，隐居山林，韬光养晦。直到年过六十，白发覆额的姜子牙，仍在寻找机会施展才能与抱负。

岁月在蹉跎中做着无端的耗费，山林的隐居生活一天天苍老着姜子牙的容颜，然而他心中的抱负却被磨洗得犹如寒星一样明亮。正所谓老骥伏枥，志在千里。姜子牙凝

太公岛

神静心，固守着布衣的恬淡生活，等待着慧眼识珠的明主到来。历史不会辜负一位具有雄才大略的志士，机缘巧合之下，姜子牙迎来了他的伯乐——西伯侯姬昌。姜子牙早就慕得文王贤明的声名，更知道他的知人善任，于是，一场姜太公钓鱼的千古美谈便上演了。

话说姜子牙日日去那渭水边钓鱼，为的就是有朝一日能遇到文王姬昌。天长日久，他钓鱼坐的石头都被磨出了浅浅的小坑。就连过路的人，见他一直垂钓却毫无收获，都劝他放弃，可他不为所动，依旧怡然垂钓。终于有一日，文王姬昌的车马缓缓走进了姜子牙期盼的目光中。不远处，文王姬昌从岸边走来，看到渭水边这位飘然若仙人的垂钓者，嘴里还不断喊着："快上钩呀上钩！愿意上钩的快来上钩!"见此情景，许是出于机缘的召唤，文王不由得心中一动，走上前去。细看之下，才发现这位垂钓的老翁很是奇怪，他的渔钩不

文王访贤雕像

是弯的，而是直直的，上面并没有悬挂鱼饵。文王十分纳闷，便同老者攀谈起来。不曾想，这一番谈论，让他获得了一位可以辅助自己定国安邦的奇才。文王盛邀姜子牙与他一同还朝，拜他为"太师"，奉他为西周王朝"三公"中的最高长官，既主管军事，也协理政务。后来，姜子牙发挥自己积淀了几十年的文韬武略，辅佐文王、武王讨伐纣王，建立了西周王朝。姜子牙立下了赫赫功劳，于是就有了"天下三分，其二归周者，太公之谋计居多"一说。

史册中的斑驳记录，向我们清晰地展示了姜子牙这位晚年发迹的智叟形象，他的江边垂钓，成为中国历史上一个永恒的姿势。

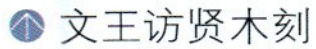

文王访贤木刻

姜子牙钓鱼台风景区

旷世奇才的身后之名

黄海的波澜冲刷着古老的海岸线，万道波纹收藏着姜子牙点点滴滴的千古风流。在西周的朝堂之上，姜子牙这位年逾古稀的智叟指点江山、出谋划策，成为整个西周的主心骨，更成为一名让后世膜拜的政治家。在军事、兵法方面，他的奇思妙构更是引领着大周兵马所向披靡，摧毁了腐朽的殷商王朝，让天下百姓得以安居乐业。在文化领域，姜子牙亦有独到的建树，就如他在自己的分封地齐国，开启了后世齐文化的不竭源头。

遥想公元前的泱泱华夏，在推翻了殷商的统治之后，一个强大的西周终于得以立朝。到了论功行赏之时，姜子牙自然拔得头筹。国土的疆域太大，故而只能分封管理，于是，姜子牙被封赏为齐国国君。那时的齐国疆域濒临黄海，也许这是一种冥冥中的安排，姜子牙又回到了自己的故土。

齐国的地理位置优越，兼有渔、盐之利，姜子牙很好地利用了这一点。他审时度势，遵循当地的习俗，简化繁文缛节，大力发展工商业，充分利用当地资源，制定了齐国发展的各项政策，最终缔造了盛世齐国的雏形。而他的一些治国方针更是代代相传，为后来春秋时期的齐桓公“九合诸侯，一匡天下成为五霸之首”奠定了雄厚的基础。姜子牙死后，返周而

太公钓鱼图

葬，葬于文王和武王的陵墓旁。并且，周朝有明确的规定，姜子牙五世之内的子孙都要返周而葬，五世之后才能葬在齐地。这也足以见出周王朝对姜子牙的一种感念和铭记。

而今，当我们站在历史的此岸观望公元前的姜子牙，许许多多的史料用浓墨重彩辑录了他的丰功伟绩。除了帮助西周立朝之外，姜子牙在政治、军事、经济等领域为后世留下了一笔丰厚而宝贵的遗产。1972年，山东临沂出土的《六韬》残简，是姜子牙在军事理论上贡献的物证。姜子牙为后世的

姜太公祠

兵论、兵法、战策、战术等军事理论学说，勾勒出了最初的原型。无怪乎后世赞他为兵家宗师、齐国兵圣、中国武祖，也难免儒、道、法、兵等诸子百家都要纷纷追他为本家人物，尊他是“百家宗师”。历代王朝的帝王更是将他奉为神祇，譬如唐太宗，就曾效仿周文王访贤，并建立太公庙。此后，历代帝王纷纷为姜子牙加冕，无一不彰显出历史对姜子牙的高度评价。

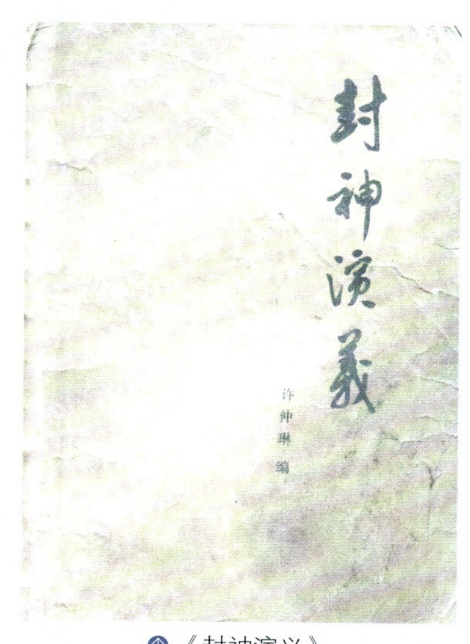

《封神演义》

在与正史和政治评价并行的另一条轨道上，神话传说和文学作品也有从艺术的角度来祭奠和怀念姜子牙的。民间传说、诗词歌赋历来对姜子牙赞誉有加，他的故事被人们添加了许多美好的想象而广为流传。到了明代万历年间，许仲琳创作的小说《封神演义》是其中的集大成者，让人们得以在神话的领域里去认识被神化的姜子牙和他的不朽功绩。这些具有神话色彩的传说故事，也许在有意无意间披上了许多粉饰，但是，当人们在构建着姜子牙形象时，其实也为中华民族的艺术宝库献上了一份沉甸甸的宝物。

如今，黄海之畔早已不见这位白发飘飘的智者，在人们美好的想象里，姜子牙已然化仙而去。3000多年的岁月也许在神话的时世里不过是白驹过隙，然而，俗世的人们对他的崇敬和悼念仍在延续。人们怀念他那神人合一的智者形象，更尊崇他在本是人生暮年的岁月中始终坚守信念的决心与勇气。他笃定的身影，便成了挥之不去的民族记忆。

如果说悠远的中华文化是一条奔流不息的长河，那么，姜子牙开启的齐国历史与文化就是一条欢欣的涓涓溪流，为中华文化长河灌注了无限生机与活力。曾经的至尊已经消散在历史的天空，然而，当他步天际的云朵远去，走入苍茫神话的内部，他留下的精神财富却在黄海边洗尽风尘，有涛声为他助威，有风浪为他洗礼。于是，姜子牙携带着厚重的中华智慧矗立在黄海的碧波里，投给后人一份殷切的期许：后来者，谁能秉承他的信念与精神？这更像是无涯的黄海发出的不老天问。

避踞海岛不称臣——田横

茫无涯际的黄海，也是华夏民族故事的摇篮。海浪的呢喃，海风的抚慰，催促着沿海而生的人们去谱写一首首生命的壮歌。摊开地图，当你的眼神在黄海一个名叫田横的小岛上停留，那么，你已经走进了一段可歌可泣的历史故事。让你探询的眼神跟着海风的引导，停在那一年的齐地，停在历史的重要关口。顷刻间，一群草莽英雄鲜活地浮现在历史的草图上，但见一位名叫田横的壮士拨开群雄，从容赴死……一曲气节的长歌，被黄海的风浪弹奏了几千年。

一曲长歌别壮士

风雷滚动，战马嘶鸣，刀枪剑戟，群雄逐鹿。时间踩下深深浅浅的脚印，追赶到了秦末的乱世。秦始皇嬴政的暴政，秦二世的昏聩残忍，终于催发了以陈胜、吴广为先导的起义，各路英豪在历史的舞台上一一登场。

田横雕像

田横本是齐国齐王田氏的后裔，与兄田儋、田荣同为齐国贵族，骨血中便有一份源于先祖的高贵和豪气。公元前221年，齐国为秦所灭，田横的家族也没落了，但仍能算得上是齐国的豪门大族。田横幼年时就十分出众。他喜文好武，17岁时开始结交当地的义士豪侠，25岁时便成了家喻户晓的人物。当陈胜、吴广起义的消息传来，田横的家族也按捺不住了。田氏兄弟乘机举事反秦，他们占领齐都，田儋自立为齐王。其间，几经征战，田横骁勇善战，有谋略，有胆识，屡次大败秦军，也算得上是乱世当中的一位枭雄。后来，田横的兄长在征战中相继去世，田横收整军队，收复齐国旧地的大小城池，并立田荣之子田广为齐王，自任丞相，辅佐田广。此时，田横谋断国政，广纳贤才。

田横岛日出

公元前203年，汉王刘邦派人游说田横，劝他归降汉军，田横应允，也解除了对汉军的防备。可是，后来汉军反悔，突袭齐国，迫使田横和齐王田广出逃外地。田广后来被杀，田横无奈，自立为齐王。公元前202年，刘邦在灭楚以后，建立了西汉王朝并称帝。田横担忧刘邦报复，便率领部下500多人在混战中逃到了一座海岛上避难。

刘邦听闻田横率军寄居海岛，思来想去，觉得留下田横便是留下了祸患，决定招降田横和他的部下。刘邦派去使者，以优厚的条件让田横投降，但遭到了田横的拒绝。刘邦并不甘心，再次派出使者招降，并声称：田横来，可以大至封王，小至封侯；不来，就派大军诛灭！考虑到部下的性命，田横佯装答应，带领两名门客跟随使者同去洛阳面见刘邦。临别时分，海浪怒吼，海风呼啸，五百壮士

悬羊击鼓

且说田横率领军队与汉军厮杀，因寡不敌众，只得边战边退，向着海边转移。当他们退到海边时，天已经黑了，真是人困马乏，弹尽粮绝。汉军仍紧追不舍，形势十分危急。在这关头，一场大雾忽从天降，把田横的军队困在一片密林里。见此情形，田横大喜，问明此地名为羊栏岛。就命士兵捉来许多羊，拴好羊的前蹄，并倒吊在树上，在羊的后蹄上悬挂战鼓，羊挣扎时后蹄就会乱蹬下面的鼓面。于是，浓雾中传出一阵密集激烈的战鼓声。汉军不明虚实，以为林中有埋伏，不敢贸然来攻。这样，田横的军队就赢得了宝贵的渡海时间。

送别田横，场面无比悲壮。这一天，走到离洛阳还有30多里的一处驿站，田横对使者说要沐浴更衣。沐浴完毕，他对两个门客说：当初，我与汉王一起称王，如今他贵为天子，而我成了亡命之虏，还要称臣侍奉他，真是莫大的耻辱呀！天子现在要见我，不过是想看一看我的面貌罢了。这里离天子所居之地仅有30里，你们快拿着我的头颅去见天子，快马飞奔，我的脸色还不会变，尚可一看。言罢，他面向东方故土，遥拜齐国山河，口唱：“大义载天，守信覆地，人生遗适志耳！”唱完，田横便挥剑自刎。

两个门客提着他的头去见刘邦，刘邦叹息道：“唉！田横曾平定齐国，他手下贤人云集，他是个了不起的人呀！”于是下令以王侯的礼节安葬了田横。跟随田横的两个门客，在安葬田横之后，也双双自杀身亡，以殉节义。

苍茫的黄土收纳了田横的亡灵，穿过墓穴那深沉的眼眸，一股气节的豪情直冲云天。“一门兄弟王齐中，耻于群臣侍沛公。”当同时代的英雄跪拜在刘邦的朝堂前俯首称臣时，一个另类的田横却把自己抛出人群，留下一曲哀婉的气节长歌。

一枚海岛永流传

如若说，田横的故事停留至此便可收尾的话，那还不至于拥有撼动人心的力量。田横自刎，不过是一位壮士宁死不屈的哀歌。而田横死后，那追随他而去的五百英灵，倒成了中国史话中大放异彩的环扣。

田横死后，刘邦听说田横手下还有五百人居留在海岛上，于是，又派使者招降他们。使者的到来，带来了田横已死的噩耗。五百人听说田横已死，个个悲愤不已，竟也纷纷自杀，追随田横而去。不难想象，这五百位壮士在从容赴死时，心中感念着田横的精神，脸上悬挂着一份毅然的决绝。当生命一一陨落，精神的繁星必将高高升起。想必，那看惯了生死的黄海，也会忍不住悲从中来，为那五百名追寻忠义和气节的壮士痛哭一场。

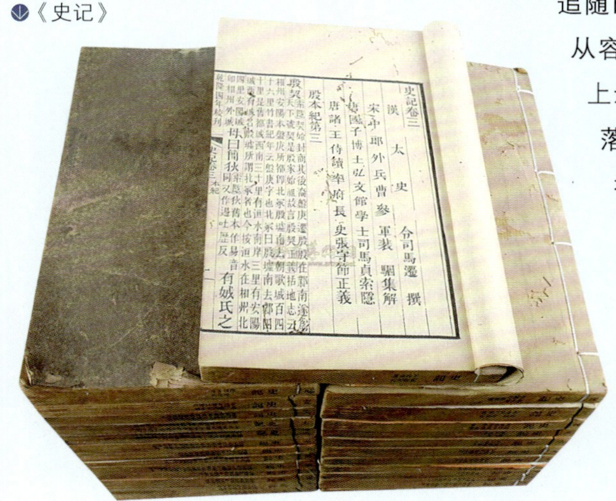

《史记》

田横及五百义士死后，他们的高风亮节，让后人赞叹不绝。司马迁在《史记·田儋列传》中曾慨叹：“田横之高节，宾客慕义而从横死，岂非至圣，余因而列焉。不无善画者，莫能图，何哉？”每逢战乱之时或是民族危亡的关头，田横及五百壮士便成为激励人们坚决抵抗敌人的精神楷模。明代，郑成功在《复台》一诗中说：“田横尚有三千客，茹苦间关不忍离。”晚清龚自珍在《咏史》中写道：“田横五百人安在？难道归来尽列侯。”艺术大师徐悲鸿更是耗时两年绘出《田横五百壮士图》的巨幅油画，真可谓是气势磅礴、笔法细致，生动再现了2000年前那悲壮豪迈的历史场景。

经历了这样具有传奇色彩的磨难后，那座曾经暂时接待过田横的海岛，那座永远成为田横英灵栖息地的海岛，便被后人冠为“田横岛”。小小一座田横岛，静卧在青岛即墨市东部海域的横门湾中。它的面积不过二三平方公里，岛上有一尊“田横铜马像”，再现了田横前往洛阳见刘邦前，挥泪与五百壮士惜别的情景。细心的人会发现，这匹马的造型有些奇特之处：马腿是顺拐的，呈倒退状。据说，这是因为马有灵性，它预感到田横此去凶多吉少，故而不愿意往前走，心中想着往后倒退，才会出现马腿顺拐的现象。不管是后人杜撰也好，抑或是马真有此灵性也罢，本质上，马的意义和五百名殉节的壮士一样，用鲜活的生命力度去印证着田横那种绝不屈服的精神。

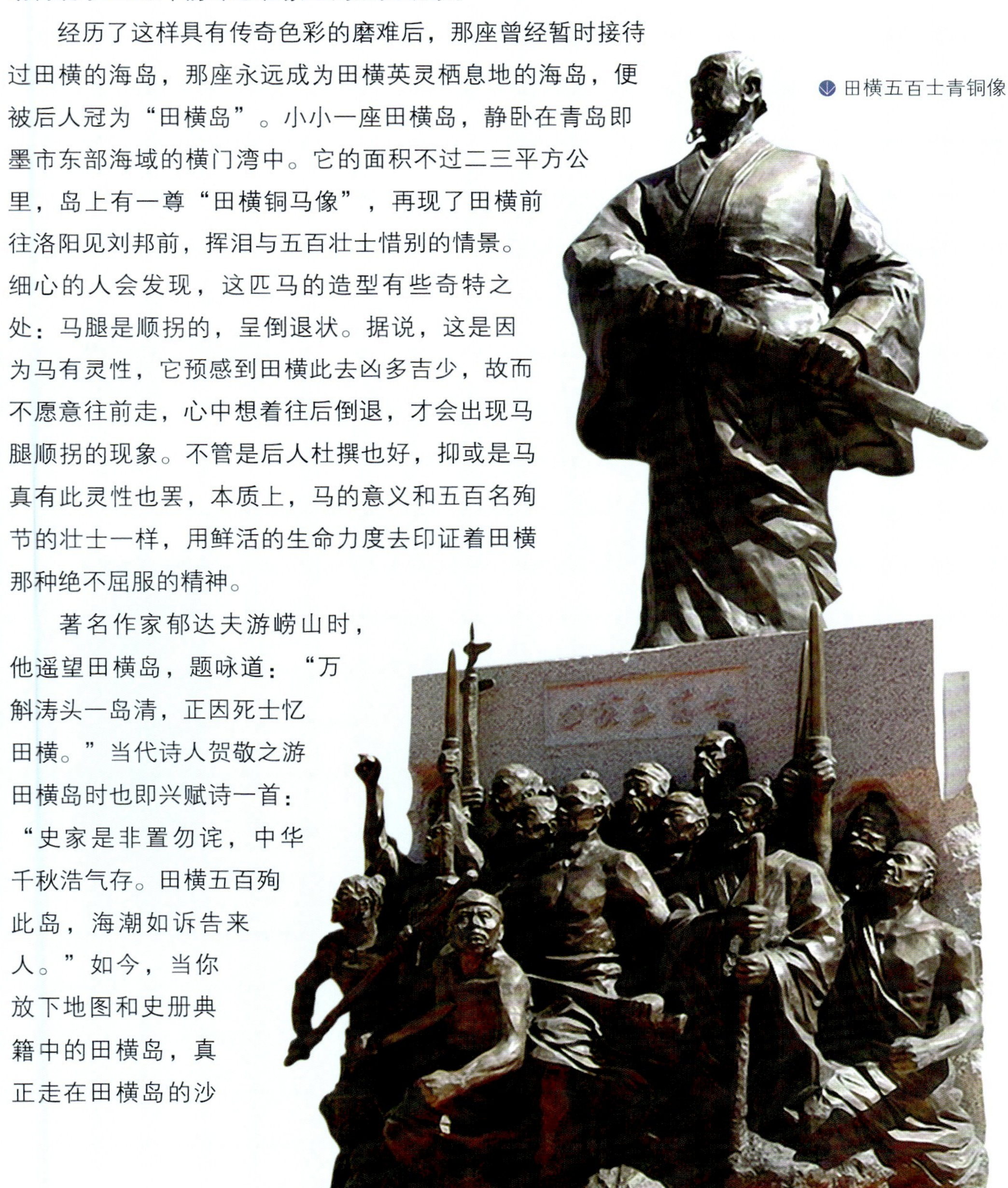

田横五百士青铜像

著名作家郁达夫游崂山时，他遥望田横岛，题咏道：“万斛涛头一岛清，正因死士忆田横。”当代诗人贺敬之游田横岛时也即兴赋诗一首：“史家是非置勿诧，中华千秋浩气存。田横五百殉此岛，海潮如诉告来人。”如今，当你放下地图和史册典籍中的田横岛，真正走在田横岛的沙

滩上，或者是在田横的雕像前伫立片刻，你还能在心灵的最底部听到一点点历史的回声。田横岛，同田横和五百壮士的故事一样，写满了传奇。

田横五百义士墓

黄海的海水守护着这座小小的田横岛，犹如守护着一枚闪光的珠贝。往事也许会在历史的浩渺长河中化成一缕浅浅的云烟。然而我们知道，那些忠肝义胆，那些舍生取义，那些英勇无畏，那些豪情万丈却永远不会消散，它们早已在黄海畔、在历史长河中，矗立成一座丰碑，凝固成永恒的传说，在人世间永远流传。

田横府局部

一言止杀，满心悲悯——丘处机

在翔实史料还原的历史场景中，在金庸小说构筑的武侠世界里，丘处机留给世人的是仙风道骨的身姿、悲天悯人的情怀。他曾在黄海之滨的浪涛里修炼，顿悟天地之间的大道；他亦在华夏的荒莽黄土中播撒下仁爱的种子，点醒世人迷痴的眼睛。黄海之滨的名胜古迹，那旧时情景历历在目，一株松，一眼泉，一座荒僻的小亭，一座寂然的道观，都有丘处机这个名字在灼灼闪光。侧耳倾听，海涛声声，送来了丘处机的故事……

悲天悯人的救世情怀

历史的晨钟暮鼓总是在乱世的关头敲打出英雄和侠客的降生。公元1148年，农历正月初九这一天，丘处机在山东栖霞滨都村降生。不久，年幼的丘处机失去了双亲，少失怙恃的他尝尽了世间炎凉。童年时期，他心中便有了一个成仙梦。为此，他少年时住在村北的山上修行。据说，丘处机曾一次次将铜钱从山崖上扔进灌木丛，然后自己再去寻找，直到找到为止，以此来磨炼意志。

丘处机生长的时代，恰逢战火纷至，人民挣扎于水火之中，忍受着巨大的悲恸。丘处机悲愤民族的不幸，眼看众生疾苦却无能为力。在此情境下，丘处机脱离凡俗人海，走向了一条独特的人生幽径。19岁时，丘处机开始学道。1168年，他拜全真道祖师王重阳为师，并跟随师父游历，学习了丰厚的道学知识。直到1191年，丘处机结束了长达23年的游历和修道，回到了故里栖霞，修建了“太虚观”隐居修道。此时，丘处机已经43岁，正处于人生四十不惑、五十知天命的时期，再加上常年的游

丘处机画像

丘处机（1148—1227），字通密，号长春子，又称长春真人。登州栖霞人（山东栖霞人）。中国南宋末年全真道掌教人。在道教历史和信仰中，丘处机被奉为“全真七子”之一，不仅对道教有重要贡献，更给中国历史留下了深远影响。

历，让他见识了人民的离乱之苦，故而他对于道教教义的参悟更为鞭辟入里，秉承并着力弘扬“济贫拔苦、先人后己、与物无私为真行”的道义。

1203年，丘处机执掌全真道，并开始在山东蓬莱、北海和胶西等地进行了16年之久的传教，足迹遍布山东半岛沿海一带。他教人向善、弘扬教化，真正是德高望重、声名远播，连当时的金朝统治者也知其盛名。于是，1214年，当山东发生起义时，朝廷就召请丘处机去招抚乱民，并依靠他的声望，平息了起义。后来，南宋和金朝向他发出召请，请他入朝为官辅政，却被丘处机一一婉拒。生逢乱世，洞悉了当时南宋和金朝的统治状况，更体尝了黎民百姓的悲惨境遇，丘处机不愿充当统治者的一柄工具，他有自己的行事方式。简而言之，这种行事方式便是悲天悯人的济世情怀。

1220年，73岁的丘处机开始了一场西行的长途跋涉，这场跋涉的起因源于成吉思汗对丘处机的邀约。彼时，成吉思汗率领蒙古铁骑正挥戈西征，杀戮遍野，狼烟滚滚。成吉思汗对丘处机发出邀请，借论道之名，向他询问治国安邦的大计。丘处机细细考量，想以一己之力度化成吉思汗，以拯救生灵，便欣然赴约。于是，一场始于黄海之滨的万里跋涉开始了。道路崎岖，前途渺茫，这位年逾七旬的老人，不辞辛劳，竭力奔走，横跨戈壁，行走草原，终于在1222年的夏天，赶赴雪山面见成吉思汗。随后，丘处机便与成吉思汗进行了三次论道，力劝他“清心寡欲”、“敬天爱民”、“好生止杀”，趁机向成吉思汗灌输爱民之道。成吉思汗终于被他打动，千万黎民得以免遭屠戮。这便是后来为世人称道的“一言止杀”。

丘处机画像

“睹尘世之灾难，悟人生之真谛。”当我们的目光顺着丘处机修行的步履挪移，我们在他求道的路途中看到了一颗大爱之心。当我们跟着他西行止杀的脚步一路跌跌撞撞，我们在他那坚毅的身影中看到了悲天悯人的情怀。丘处机一步步丈量着统治者与芸芸众生的距离，或许，在那一刻，他终生所学，都是为了这一场跋涉——救世济民。

凡间问道的修行硕果

与其他的道士一样，丘处机也在做着道家的修行。然而，丘处机却全然不像其他道士那样，修飞升炼丹之术，一副循规蹈矩、按部就班的模样。这位心怀天下的得道者，将目光转向更为宽广的领域：文学、政治、医学……凡丘处机出没处，便有硕果渐次结出，我们不得不惊叹于他变幻多端的神通。

西行止杀让我们见识并叹服丘处机济世安民的政治思想，这是他虔诚修道的结果。难能可贵的是，在修道过程中，丘处机除了精通道家典籍之外，还兼修儒、佛二家经典，著有《溪》《鸣道》和重要的道教经典《大丹直指》。

丘处机的文化修养更让人折服：他学识渊博，文学造诣极高，丝毫不亚于同时代的文人墨客。从他遗留下来的诗作中，人们可鉴赏出一种朴实、流畅、明快之美。他有大量诗词是反映社会状况和人民疾苦的，如《悯物》《因旱作》等诗，将社会动乱、万民涂炭、百姓的痛苦与

崂山太清宫

自己的悲愤纳于笔下，描绘得淋漓尽致。在西行止杀的途中，丘处机宣讲道教等中国传统文化，促进了中国传统文化的交流与传播。

不止于此，丘处机那奇异的拂尘一扬，他又化身为一位杰出的养生学家和医药学家。他长期研习中国传统医学知识，汲取《内经》等理论，写出了《摄生消息论》这部养生学、医药学专著。至今，这部专著仍有极高的参考价值。

许是丘处机那濒临黄海的故土，给了他人之初最本真的风骨，许是在黄海沿线数十年传教的经历，滋养了他海纳百川的气度。凡间问道，虔诚修行，让丘处机留给后人一树硕果。

也许，芜杂的历史卷册让人难以看清丘处机的面貌了，这位从黄海走出来的求道者在人世的大学问中走走停停，从人间源源不断地汲取“大道”，又将“大道”撒还人间。在百姓心中，他是不食人间烟火的仙道；在如今的我们看来，他是封存在历史中的一个人物。要触摸一个鲜活的丘处机，那就回到他的故土，到留有他行迹的山海边去寻访一番。于是，我们的眼前，便出现了黄海滩头的那座仙山——崂山。

崂山与“鳌山”

丘处机在崂山留下的诗词，都把崂山称为“鳌山”，这是有机缘的。鳌山之“鳌”出自先秦道家仙话，《列子·汤问》中记载：古代渤海东面的五座仙山，常常随波涛浮动。天帝就命15只巨鳌用头顶着，山才固定不动。所以，丘处机才会作诗道：“牢山本即是鳌山，大海中心不可攀。上帝欲令修道果，故移仙迹近人间。”由鳌山中的“鳌”字联想到这古老的道家神仙传说，想必他已把“鳌山”看做问道求仙的一方圣境。

丘处机曾三次游访崂山，在这里修行、传道，并欣赏着自然完美的造化：磅礴的海，呼啸的风，缥缈的云雾，更有那品味不尽的奇石妙泉，无不滋养着这位修道者的心性。在这座

崂山雪景

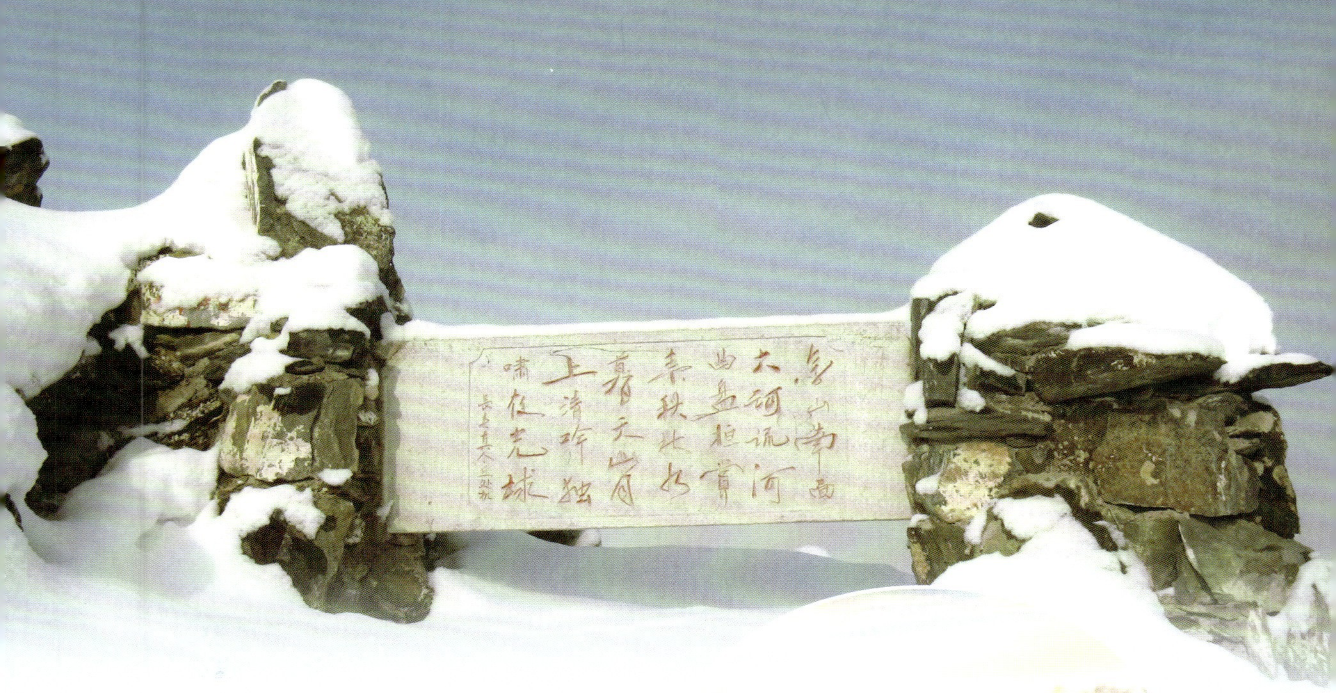

刻有丘处机诗词的石碑

崂山云雾

仙气缭绕的山峰中，丘处机受到了自然之手的另一种点化，他挥笔写下了40多首描摹景色的诗词，留刻在山岩之上。从这些诗词之中，人们可以触摸到丘处机的一片才情，也可以去直面一个抛却了任何装饰的有血有肉的丘处机。而今，崂山上也留下了对丘处机的点点记忆：石刻、传说、与他有关的景点……还有那聆听过他教化的海涛，那搀扶过他的松柏，那曾有幸为他提供一捧水解渴的清泉。所有这些，无一不是丘处机与后人对话的线索。

夕阳西下，拉长了一个飘然若仙的影子，那是丘处机西行扬尘时的坚毅身影，那是他故土传教时翩然步履间的情怀。丘处机不做闲云野鹤的出世之人，而是以天下为己任的入世之侠。他用一柄悲天悯人的拂尘，拂去世人心上的污垢，化尽劫波，教化众生。他用终生智慧，构筑一道海上的横岭侧峰，恰如那座被巨鳌驮着的仙山。

千百年的时光已过，丘处机这位仙风道骨的得道高人也早已在历史的尘埃中安然睡去。然而，他的济世情怀，他的宗教思想，他的文学造诣，仿佛那奔腾不息的黄海浪涛一样，一遍遍洗涤着我们的灵魂，我们依旧能在那条西行的小道上看到一位肩负人间大道的老人，他便是众生心中的神仙……

龙云远飞驾，天马自行空——康有为

黄海滩头，海浪席卷，卷起千堆雪，多少英雄豪杰在此对酒当歌，多少仁人志士在这里舍生取义。“龙云远飞驾，天马自行空。”康有为，这位最早从晚清黑暗中醒来的一介书生，挥动笔墨，写下了这样的诗句，抒发了胸中的万里河山，奔腾了心中的报国大志。纵观康有为的一生，前半局如风云际会的交响乐，而后半场却是淫雨霏霏的伤情独奏。走近黄海，走进青岛，去看，去听，去结识——康有为……

青岛——人世漂泊的最后归宿

1923年，经历过日本占据之痛的青岛，在疗治自己伤口的时刻，接待了康有为。这个经历了人生大波折的书生，这个咀嚼着失败滋味的变法者，带着政治为他烙下的满目疮痍，悄然走进了青岛的视线中。

单从康有为的出生地来看，谁也不会想到，这位南海的骄子后来会选择黄海之滨的青岛作为他最后的归宿。然而，晚清乱世，把许多人的人生轨迹都改变了。康有为，这位生于南海儒学世家的书生，机缘巧合下，就这样与黄海衔接在了一起。

康有为

在晚清历史中，康有为足可以占据一个重要的章节。当我们忍着悲痛重温晚清那段不堪回首的历史时，这个羸弱的国度，正在列强的淫威下处处退让忍耐，一味委曲求全，成为一群猛兽口下的羔羊。于是，一批觉醒的知识分子，便想用书生的肩膀，扛起政治变革的大旗。康有为，便是其中的一员“猛将”。因为见多识广，饱受西学影响，加上比时人清醒的头脑和满腔的抱负，康有为带领一批如他一样热血沸腾的青年，公车上书，创办报刊，组织强学会，为民族谋出路。直到1898年6月，他们终于促成了轰轰烈烈的戊戌变法。这批以康有为为首的改良主义知识分子，渴望借助光绪皇帝的力量进行一场资产阶级的政治改革。他们摩拳擦掌，势

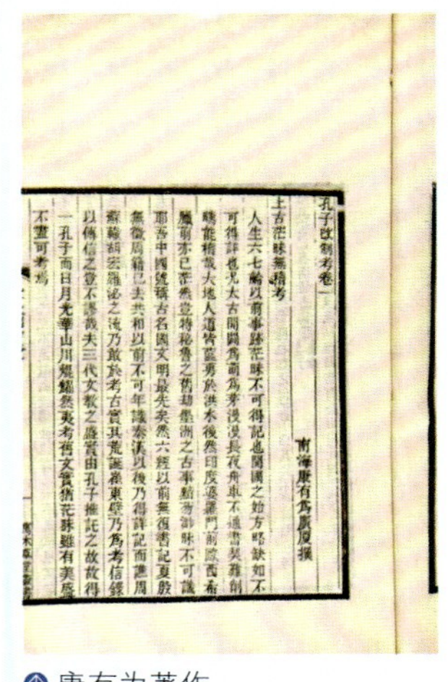

孔子改制考卷一

南海康有爲廣廈撰

上古茫昧無稽考

人生六七齡以前事跡茫昧不可得記也開國之始方略缺如不可得詳也況太古開闢爲萌爲芽漫漫長夜舟車不通書契難削疇能稽哉大地人道皆萌芽於洪水後然印度婆羅門前歐西希臘前亦已茫然豈特秘魯之舊劫墨洲之古事黯芴渺昧不可識耶吾中國號稱古名國文明最先矣然六經以前無復書記夏殷無徵周籍已去共和以前不可年識秦漢以後乃得詳記而譙周蘇轍胡宏羅泌之流乃敢於考古實其荒誕崔東壁乃爲考信錄以傳信之豈不謬哉夫三代文教之盛實由孔子推託之故得一孔子而日月光華山川焜耀然夷考舊文實猶茫昧雖有美盛不盡可考焉

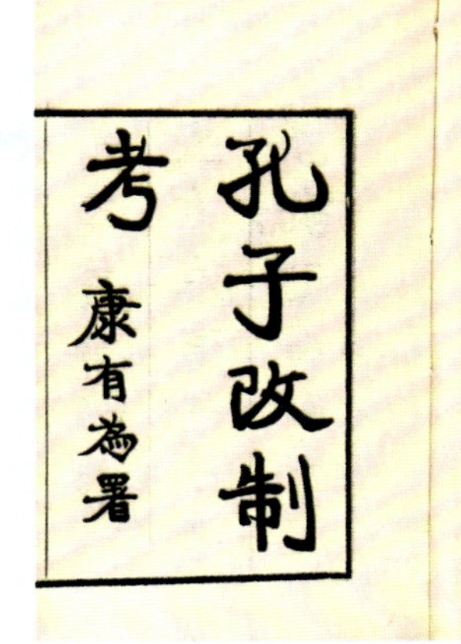

康有为著作

康有为（1858—1927），广东南海人，人称“康南海”。近代著名政治家、思想家、社会改革家和学者，信奉孔子儒家学说，致力于将儒家学说改造为可以适应现代社会的国教。领导了著名的戊戌变法，著有《大同书》《新学伪经考》等。

必放手一搏，要在教育、军事等各个领域进行一场大刀阔斧的改革，以此更新老旧的社会面貌，让国家以更为健康的方式运行起来。然而，这份美好的愿望还是遭受了以慈禧太后为首的守旧派的阻挠，脆弱的戊戌变法夭折了。从开始到结束，这场仅仅维持了103天的运动，空留给历史一声缥缈的叹息。更为恐怖的，是守旧势力对于改良者的无情绞杀。当谭嗣同在狱中留下“我自横刀向天笑，去留肝胆两昆仑”的遗言时，曾经的戊戌六君子风华不再，康有为逃往法国避难，流亡16年之久。

1913年，康有为辗转回国暂居上海。1917年，康有为帮助张勋复辟失败，首次来到了碧波涌动的黄海畔，走进了黄海边的城市——青岛。这个美丽的海滨城市吸引了他，他当即写下了名句：“青山绿树，碧海蓝天，中国第一。”可在当时，青岛正值多事之秋，被日本控制，无法给康有为太多的慰藉。1922年，中国政府收回青岛。1923年，66岁的康有为再次来到这处心仪之地，这次他没有再离开，而是定居了下来。经过寻觅，康有为终于找到了一处绝佳的住所，那便是德占时期的总督副官官邸，青岛人口中的旧提督楼，也就是今天的福山支路5号的康有为故居。康有为在家书中写道：“青岛气候甚佳，顷得一官产屋，名为租，实则同买，园极大，价极少，候数日可得。今各人住客栈极贵，候得屋，当电告，至时可来青岛，实则远胜沪矣，沪无可恋。”可见，这一次，康有为打算做长久的停留。

佳话——生命诗情的点点遗迹

“龙云远飞驾，天马自行空。”恰如此诗所表，康有为的内心，始终闪现着一份为气任侠的气韵，那是一种少年怀抱理想的驰骋，不受拘束，有一种蔑视世间一切障碍的达观，这也就决定了，康有为骨子里的一份浪漫。定居青岛，枕海而居，人生的些许况味渐渐沉淀下来，并静静地发酵着。

康有为喜爱在青岛的这处居所，因为“屋虽卑小，而园甚大，望海碧波，仅距百步”，他将这所住宅题为“天游园”，并赋诗一首，内中就有“今落吾家可隐栖”一句，表明了他对青岛的心理认同，以及一种渴望投入青岛怀抱的坦诚之情。

安逸的生活，优雅的环境，让康有为时常在书信中赞写青岛之美。在《致方子节书》中，他这样描述道：“全岛皆红瓦新楼，无一黑瓦旧宅。登山而望，近海而游，楼阁华岩，道路净静，金碧照耀，掩映于绿林之梢、碧山之间、沧波之上。……恐昔人之仙山楼阁亦比不及，诗文不足形容之。”尽管康有为说青岛之美，诗文不足以形容之，但他还是写下了大量赞美青岛的诗文。《重游青岛示佳孙》一诗中写道：“海气苍苍岛屿回，山巅楼阁抗崔嵬，茂林峻岭百驰道，重入仙山画里来。”而《青岛会泉石矶望海观潮高至数丈异观也》一诗中的句子也饱含赞誉：“海水冥蒙望石矶，怒涛高拍入云飞，飞帆渺渺和云水，岛屿青青日落时。”从不胜枚举的诗文中，康有为心中的青岛形象呼之欲出——这是他心中的乐园，是可以疗救他半生遗恨的地方。这是他命定的净土，洗净他人生经历的各种铅华。青岛，用最本真的自然之美，山之灵、海之韵，接纳并安抚着康有为那颗曾为国家、为民族跃跃跳动的心灵。

1927年，康有为在青岛去世，时年69岁，他坎坷的一生画上了句号。如同一位赤子，他长眠在了青岛的山海柔波里。而今，青岛浮山南麓的康有为墓，坐拥美景，张望大海，犹如康有为那双未曾看够青岛风景的眼睛，瞩目这一片他魂牵梦绕的海滨城市。

戊戌六君子画像

从1917年的第一度登临，到1923年的正式定居，再到1927年长眠于斯，康有为那根情意的弦丝始终记挂着青岛。在这独特的因缘中，既有一个人对一座城市之美的倾倒，更有时代赋予的浓重意味：在德国侵占胶州湾的时候，在日本占据青岛的时节，以及青岛主权复归时分，在这些重大历史事件的关头，青岛的每一次心跳，都牵扯着康有为忧患的心魂。他奔走呼号，他挥袖疾呼，让一颗爱国之心因青岛而愈发纯净，让满腔的抱负因青岛这座城结晶为一种珍贵的历史记忆。而他这段与青岛萍水相逢，又将灵魂交给青岛保存的佳话，已然化作了供后人瞻仰的遗迹，它是康有为这个力图拯救国家命运的书生生命中最后的抒情。

拜康有为为师的当代艺术大师刘海粟，在为康有为撰写的墓志铭中精辟地概括了康有为的一生："公生南海，归之黄海，吾从公兮上海，吾铭公兮沧海，文章功业，彪炳千载。"黄海的沧澜，载不动康有为心中那份浓郁的书生意气和他心中那份易折的理想，唯有捧出青岛这一片美景，用赤诚的心意祭奠一位书生那段失意的人生岁月，抚慰一位垂暮老人夕阳时分那份落寞与凄清。

海浪奔涌的黄海，风景迷人的青岛，用它博大的胸襟和温柔的怀抱容纳了康有为这位跋涉已久的游子，柔和的海风拂去他半生的疲惫，低飞的海鸟慰藉着他漂泊的落寞。当人们踩在青岛的沙滩上，当人们驻足在康有为故居的房檐下，那些岁月收藏起来的诗词被海风轻轻吟诵，深沉的思想如此清晰地流荡在青岛的大街小巷……

康有为故居

以笔画海，师夷长技——魏源

谁曾策马在近代中国的门廊中走过，嘚嘚的马蹄声警醒了一个埋在文案上潜心著述的老人。阶前细雨的滴答还是惯常的节奏，而滚滚的浪涛早已涨满历史的渡口。难掩的风声撼动古旧的窗棂，挑亮那盏奄奄欲睡的油灯。一支枯瘦的毛笔费力游走，勾画着泱泱海国的清晰图像。乱云飞渡，海浪难平，但见那瘦笔如剑，劲走偏锋，《海国图志》——这部能点醒众人眼眸的巨著犹如一道强劲有力的闪电，劈开了19世纪末的沉沉夜空。魏源——这位清癯执著的文化精英携带着沉重的思考踱步在历史的沙滩上，那脚印，那背影，让我们追随而去……

凄风苦雨中的海洋一梦

近代中国，沉疴满身，奄奄一息，西方列强的撕扯磨断了这个古老国度最后的骄傲，也正在一点点遮蔽着未来的希望。辉煌的古代历史一去不返，那份浓重的诗情画意气数已尽，就连那屈指可数的几位诗人勉强吟诵的诗词歌赋，竟也搭不成一个让人得以慰藉的意境。或许一些心怀救国梦的书生尚能用语言的匕首刺探着黑暗的幕布，而想要挽救民族危亡的勇士们还可以用呼喊震荡那忍辱负重的大地。然而，聚集在茫茫九州上空的愁云似乎更浓了，凌乱的钟声难以为古老的民族呼救，光明什么时候才能驱散那些积压许久的愁云呢?

魏源画像

这时，一个人轻轻的脚步声由远及近，屏息静听，这脚步中有着几分沉着，几多思考。当身边的浓云挥散，魏源那清癯的面容顿时明朗起来。这位出生于湖南的书生，自幼聪颖过人，在私塾中开蒙，苦读经史子集，他经历过科考沉浮，也体味过官场滋味，他秉承了中国知识分子那份笃定的良知，与林则徐、龚自珍等爱国人士结为至交

魏源（1794—1857），清代启蒙思想家、政治家、文学家，近代中国“睁眼看世界”的先行者之一，倡导学习西方先进科学技术，总结出“师夷之长技以制夷”的新思想。学识渊博，著有《海国图志》、《圣武记》等。

好友，畅谈国家大事，故而，爱国情怀也成为他人生最重要的一根支柱。鸦片战争失败时，魏源愤愤不平，一气之下投笔从戎，进入两江总督裕谦幕府，参与到抗英战争中，并在前线亲自审讯俘虏。可是，清政府软弱无能，朝中的投降派昏庸误国，促使魏源愤而辞归，转而立志著述。可以说，那一场丧权辱国的鸦片战争在魏源的心里留下了严重的灼伤，却也为他以后专心著述提供了长久的动力。

1841年6月，曾任钦差大臣并领导虎门销烟的民族英雄林则徐被革职流放，途经镇江时，恰好与魏源相遇。两人共宿一室，进行了一番彻夜长谈。林则徐把自己在广州组织人翻译和编撰的《四洲志》手稿，和其他一些外国资料，一并交给了魏源，嘱托他进一步研究外国史地，编纂一部能警醒世人、抵御外侮的新书。好友的言论指给了魏源一条新鲜的道路，他欣然接受这一嘱托，随即开始动手著述。除了引用《四洲志》全文之外，魏源还征引了历代史志10余种、中外古今名家著述70多种，以及各种奏折等史料，终于在1842年12月，编成《海国图志》50卷，后来，他又反复修订增补，1847年补充为60卷，到1852年，又增补到100卷。魏源将林则徐的《四洲志》这块璞玉不断打磨，终于磨出了一块绝世美玉——《海国图志》。75幅地图，42页西洋船炮、器艺等纷繁图式，并有总结鸦片战争的经验教训，再加上四卷论述海防战略战术的《筹海篇》，以及三卷《夷情备采》和十多卷关于仿造西洋船炮及介绍西方科学技术等方面的论述、图说。88万多字洋洋洒洒，五大洲几十个国家的历史地理综合呈现，先进的西方科技统成一揽，内容翔实，博大精深，这就是魏源凭借一腔爱国之情和一番先见之明由笔端流淌而出的智慧结晶。这是第一部由近代中国人自己编撰的世界史地的重要著作，在当时堪称一部内容最丰富的有关世界知识和海防的百科全书。

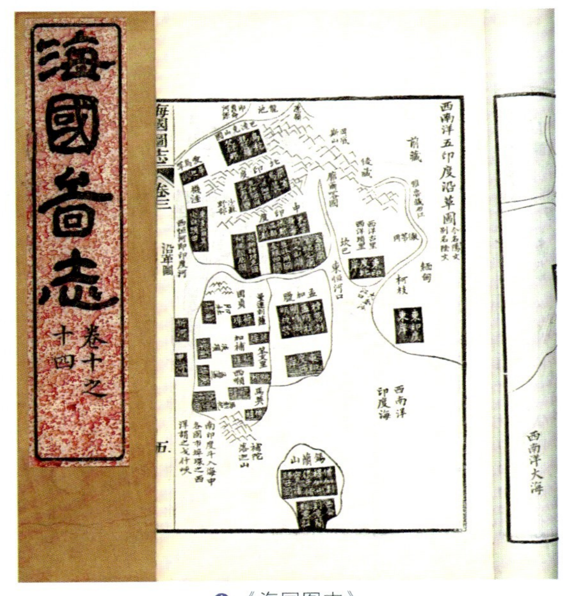

《海国图志》

“狂澜力挽既无望，经史探微后代知。”也许，魏源这位出生于湖南内陆的学者并没有想到自己会与海洋有着这样的邂逅和瓜葛，但他皓首穷经，埋头耕耘，终于使得一部流光溢彩的《海国图志》问世。历史偏远，笔墨飘香，这部巨制是魏源在凄风苦雨的历史关口，做出的海洋一梦，当他的眼光细致而又深沉地打量着古老国度的海洋，当他用那只饥渴的毛笔画出古老海疆的美丽轮廓，一扇通往未来的希望之门已经打开，他先众人而行的阵阵足音，正如阵阵急切的呼救钟声，喊醒了昏沉睡梦中的华夏儿女。

指向未来的睁眼一望

黄海的浪潮反复擦拭着沙滩上的遗迹，那些荒烟蔓草的悠远记忆在浪花的喷涌里宛若游鱼。风起浪卷，孤帆怅惘遥远的碧空；渔网飞扬，艰涩的生活在渔民手中静静翻转。黄海不会知晓，在近代时分，自己会被一位高瞻远瞩的社会精英镶嵌在苍茫大海国的蔚蓝图景中。

在《海国图志》的序言中，魏源如是解释自己的创作缘由：“是书何以作？曰为以夷攻夷而作，为以夷教夷而作，为师夷长技以制夷而作。”要知道，魏源的这寥寥几语，实则是近代知识分子为中国百年的沉疴开出的一剂药方。学习西方的技术，最终用于对付西方列强，是《海国图志》一书的思维脉络，而浓烈的爱国意识是此书的行文骨骼，其间，那些论及海洋的内容便是交叉纵横的思想血液。

第一次鸦片战争的失败，让魏源警醒也更为警惕海洋的重要性，列强从海上轻易就摧毁了大清帝国那自称坚不可摧的门户，留下一场血泪交缠的创痛。由是观之，海洋对于一个国家的重要意义。于是，魏源在《海国

魏源雕像

图志》中提出了要“严修武备”来抵御外敌入侵，他建议在广东虎门设立造船厂和火器局，以形成“使中国水师可以驶楼船与海外，可以战洋夷于海中”的有利海防姿势。在《海国图志》中，另一个隐藏在文字中的重要信息便是魏源的海权意识，“唯有师海权国家之长，即以我之海权对付彼之海权，才足以制驭海权国家。”他的海权思想在建立一支强大的近代海军，大力发展航运业等方面皆有体现。

当然，《海国图志》最为璀璨的一点就是魏源提出了构建“大海国”的理想蓝图。就此，北京大学韩毓海教授有过经典的论述：“魏源有关中国的战略崛起必须以大陆为核心，向西通过印度洋，向南通过海上丝绸之路的东南亚构成一个‘大海国’，因而中国必须迫切解决的问题不仅仅是东南沿海，而且是大西南地区（邻近印度洋一线）。而魏源从东部和西部两个方向，将中国纳入到一个‘海国’（所谓‘海洋资本主义时代’）中去——简单地说，他的视野之大，不仅仅在于考虑到了东部中国与太平洋的关系，而且更深入地考虑到西部中国与印度洋的关系。”

从这段话中，我们不难看出，魏源纵横海洋和大陆的思想广度与深度，无不汇聚在他倾情图构的大海国的蓝图中。那些曾与华夏大地一起并蒂而生的海洋第一次被真正放置在历史的天平上。不论是浩瀚的太平洋，还是苍茫的黄海，就这样走入了海洋意识刚刚萌发的华夏儿女眼中。

精深博奥的《海国图志》，充满了对于西方世界的客观认识，鼓荡着胸有天下海洋的先见之明，终于挥散了世人眼前那层层狭隘的云翳，坐井观天的井底之蛙得见真正的天地，固

误读与经典

《海国图志》的出版，在国内外经历了截然不同的遭遇。闭守的大清帝国几乎无人问津这部经典。当时的知识分子很少有人会认真阅读和领会书中的深意，许多保守的官员根本不愿意接受书中对西方蛮夷的新认识，甚至还有人主张将此书付之一炬。

在日本，《海国图志》被争相传诵，人们称它是“天照大神”送给他们的礼物，让他们第一次详尽地了解了西方世界。故而，在1868年开始的明治维新运动中，《海国图志》成了日本朝野上下革新政治的“有用之书”。著名的维新思想家佐久间象山在读到《海国图志》“以夷制夷”的主张后，不禁拍案感叹：“呜呼！我和魏源真可谓海外同志矣！”

然而，时间是最公正的法官，终于给予了魏源和《海国图志》最公允的裁定，随着国人海洋意识的觉醒，梁启超等戊戌变法的人物发现了《海国图志》的重要价值，而这部近代海洋意识觉醒的煌煌巨制终于被人们定义为经典。

魏源故居内景

执己见的浅陋者也终于惊叹着一个神奇的寰宇。我们不需诘问，魏源的意义早已自然呈现：一本《海国图志》让无数华夏儿女站立在他消瘦的肩头上，抛却那种种狭隘的自负和自卑，去认识与我们这个国家一直相伴相随的海洋，去维系我们这个古老民族疲惫挣扎时的不老希望。从19世纪末的灰暗窗棂中，人们睁开浑浊的泪眼，暂且搁下为这个古老民族啼哭的悲戚，放眼一望：无数负载希望的船只已经准备就绪，驶向天海相接的茫茫未来……

魏源故居

魏源故居

功业炳史册，品格昭后人——赫崇本

如今的中国海洋大学校园内，屹立着一座老人的石雕像。他的背后是青岛的蓝天白云，身旁是他情牵一生的海洋馆。这位老人便是中国物理海洋学的奠基人之一——赫崇本先生。为了海洋事业操劳一生的他已经离开人世，但他在海洋教育与海洋科学事业上的丰功伟绩，时至今日，依旧留在每一位海洋科技工作者的心中。

一片赤诚报国心

赫崇本先生出身于教育世家，自幼受家庭影响，敬师好学，热爱教育事业。1932年，他毕业于清华大学物理系，先后在天津河北工学院、北京清华大学、昆明西南联合大学等校任教。在这期间，他已萌生革命思想，并曾与好友谈起有意去解放区参加革命。后经好友分析形势，为将来建设新中国，可以利用有利条件先掌握科学技术。他于1943年赴美留学，1947年获加州大学理工学院气象学博士学位。

晚年的赫崇本教授

受美国著名物理学家斯韦尔德鲁普的影响，赫崇本认识到气象学研究应从全球系统考虑，必须扩充到海洋领域。于是，他又入加州大学斯克瑞普斯海洋研究所，师从斯韦尔德鲁普，从事海浪研究，并完成了海洋学博士学位论文。为了尽早实现报效祖国的夙愿，赫崇本毅然放弃博士学位，接受山东大学海洋研究所和曾呈奎先生的邀请，购置了必要的图书仪器，于1949年春回国，一片赤诚报国心，怡然可见。

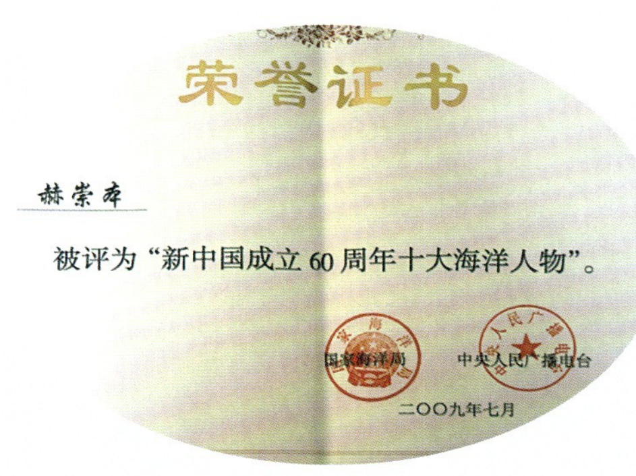
荣誉证书

赫崇本

被评为“新中国成立60周年十大海洋人物”。

国家海洋局　中央人民广播电台

二〇〇九年七月

赫崇本获得的荣誉

创办海洋系

赫崇本先生回国初期，由于种种条件的限制，开展海洋研究十分困难。但他没有任何抱怨，坚信中国必须开展海洋研究。他意识到，中国要开展海洋研究，必须培养一批具有较高素质的海洋科技人才，只有这样，中国的海洋事业才有希望。于是，赫崇本将从事海洋研究的巨大激情转化为坚定地为祖国培养、储备海洋科技人才。

在山东大学海洋研究所内，赫崇本一面埋头海洋研究，一面积极筹建物理海洋专业和海洋系。1952年中国院系调整，山东大学海洋研究所与厦门大学海洋系合并，成立了山东大学海洋系，从此开始成批培养高级海洋科技人才。

赫崇本筹办海洋系的主张是，一要办出特色，二要配备较强的师资。所谓办出特色，就是首先要筹办物理海洋专业，因为在海洋研究中，人们十分关心的是人类和生物赖以生存和生活的物理环境。其次，赫崇本坚持再办一个海洋气象专业，他指出要真正学懂海洋，还必

中国海洋大学鱼山校区一校门

须有海洋学之外的许多学科来配合，气象学是其极为重要的姊妹学科，这两门学科应相互渗透、相得益彰。两个专业分别于1952年与1957年创办。为了使这两个专业都能办出特色，赫崇本以自己多专业融于一身的渊博知识兼任了跨专业的物理海洋学与动力气象学教授，并聘请了很多在这个领域很有建树的教授。与此同时，为了培养青年教师与学者，他放下手头即将出结果的科研，毫不吝惜自己宝贵的时间和精力，默默而严谨地为他们修改、润色论文。现如今，物理海洋学科已被确定为中国重点学科，许多优秀的人才从这里脱颖而出，满腔热忱地投身到国家海洋事业中去。

赫崇本与海洋专业年轻教师在一起

赫崇本雕像

在海岸行走

行走在黄海之畔，身体力行，潜心调研，赫崇本先生的一生都奉献给了他所热爱的海洋事业。作为物理海洋学家，他首先开创并推进了中国对海洋学基本问题之一——“水团”的研究，首次对黄海冷水团的形成、性质、范围及季节变化等问题进行了系统而全面的分析，严谨地论证了大气圈和水圈的相互制约关系。这种大范围考虑的分析方法，不仅适用于黄海冷水团的分析，对中国整个浅海水域的“水团”研究，同样具有普遍的指导意义。

在赫崇本的开创和推动下，当时的山东大学海洋系（中国海洋大学的前身）和中国的海洋界，在水团研究上已形成了中国的特色：把多元统计与模糊数学方法引入水团的划分、分析及预报，取得显著成效；针对浅海水团的特点，在分析水团变性与消长规律方面，作了深入研究；密切结合渔业生产实际，在探索水团和渔场、渔汛关系方面，取得了明显效益，形成了独特的研究体系。

赫崇本故居

与此同时，赫崇本还领导着中国海洋综合调查。通过山东大学海洋系（中国海洋大学的前身）的海上调查，掌握了中国近海海洋水文、化学、生物、地质等要素的基本特征和变化规律，为进一步开展中国的海洋研究和海洋开发奠定了基础，从而在中国掀起海洋调查的热潮。为了使有限的财力、人力、物力发挥出最大的效益，赫崇本等24位地学界专家向中央建议，促成了国家海洋局的诞生，有效地统辖了中国的海洋调查事业。1984年，出现了中国海洋研究大协作的面貌——“向阳红10号”调查船到南极洲和南大洋进行考察，使中国的海洋调查走向世界。当年，中国海洋综合调查遍布黄、渤、东、南诸海，收集了大量宝贵资料，发挥了重要作用。

浪逐沙滩，海鸥欢歌。律动的自然，灵动的生命，伴随海洋经久不息的浪花，见证着千百万年沧海桑田的变迁。从古至今，人们对这片美丽的海域充满着追问和思索，也从未停止过研究和探索的脚步。将时光的镜头缓缓定格在如今的黄海之畔，翻滚的浪花里似乎还有着赫崇本先生执著追求的身影，无垠的海岸上似乎又响起了他不懈探索的脚步声。

“泽农”耕海，海洋人生——曾呈奎

“一生才智赴大海，丰硕成果献人民。满腹学识传弟子，款款爱心慰世人。”用这首诗来形容曾呈奎的一生，是再合适不过的。在20世纪50年代，对中国的普通家庭来说，海带还属稀罕之物。那时，我国的食用海带主要靠从日本等国进口。为了“给老百姓的餐桌上添几道菜”，海洋生物学家曾呈奎用一生的时间，实现着他“蓝色农业”的梦想。这位科学家以黄海为自己的试验田，在这片蔚蓝的海域播种耕耘，收获着别样的人生和精彩。

海之子

曾呈奎

2005年1月20日，一位科学巨匠在走过了近一个世纪的辉煌历程后，激情澎湃的心脏停止了跳动。近800位社会各界人士顶着凛冽的寒风来到青岛殡仪馆，手持朵朵白菊，怀着崇敬和悲恸的心情，前来送别中国海洋科学界泰斗曾呈奎先生。大海的儿子——“中国海带之父”曾呈奎院士永远离开了自己深爱了一生的海洋事业，在青岛逝世，享年96岁。

在生命的最后时刻，曾先生最关心的仍是他难以割舍的海洋科研事业，在病榻上仍委派他的学生去西沙群岛采集一种非常特殊的海藻——原绿藻。在弥留之际，每次从昏迷中苏醒过来，第一句话就是问他们回来没有，任务完成得怎么样。这位大海的儿子一生情系大海，心系大海，他的一生堪称是中国海洋事业发展的浓缩与见证。

曾呈奎出生于福建厦门的一个华侨世家，自小生活在农村，目睹了劳动人民生活的艰辛，心灵受到极大触动，毅然为自己取号“泽农”，以明心志。

1929年，年轻的曾呈奎在厦门大学植物系学习时，看到人们采集海藻为食，便萌生了“海洋农业”的想法，从此他与大海结下了不解之缘，开始了他“沧海桑田”的远征，并为之奋斗了一生。

人生的三次重大选择

曾呈奎一生曾做出过三次重大选择，这三次重大选择不仅影响了他的一生，更影响了中国海洋事业的发展。

1946年，37岁的曾呈奎已是美国斯克里普斯海洋研究所副研究员。由于他的出众才华和卓有成效的工作，美国密执安大学、华盛顿大学等都希望他去工作，但报效祖国、实现“泽农”的志愿是他一直难以割舍的情结。他说：“我的事业在中国，正因为她落后才更需要我们去建设。”为了心中难以割舍的情结，带着对故土深深的眷恋，当年12月，曾先生历经艰难回到了魂牵梦绕的祖国，任国立山东大学教授，这是他一生中的第一次重大选择。

在认真观察的曾呈奎

回国后，曾呈奎一面教书育人，一面从事海洋科学研究。在一无经费、二无专职人员的情况下，他的科研工作未能真正开展起来。他的“泽农”志愿、“沧海桑田”理想化作了一种美丽的幻想。新中国成立前夕，曾呈奎曾是国民党政府所要争取到台湾去的科学家之一。当时，他远在福建厦门的夫人和子女已去了台湾，曾呈奎面临着他人生的又一次抉择。最终，他毅然留了下来，投身到了新中国的海洋科学事业。但他的行为得不到家人的理解，从此与家人天各一方。直到1975年，在曾呈奎任副团长的新中国第一个科学家代表团访问美国时，他才得以在美国与分别多年的家人相见。留在大陆，这是他一生中的第二次重大选择。

新中国成立后，党和国家对知识分子的重视，对科学教育事业的支持，使曾呈奎深受鼓舞。他说：“没有共产党，就没有中国的海洋科学事业。”从此，他开始把加入党组织作为自己政治上的最高追求。这也是他一生中的第三次重大选择。

这人生的三次重大选择，体现了一位海洋之子的赤诚之心，体现了将一切献给祖国和人民的高尚情怀。

沧海桑田，耕海人生

在曾呈奎的家中，至今保存着一张照片：画面上，曾呈奎刚刚脱下厚重的潜水衣，正在观察自己从海底采集来的藻类标本。曾呈奎的这一举动使他的美国同学感到震惊，因为在当时的条件下，潜入海底还是一件危险的事。

那个年代，我国海藻资源状况没有文献资料可查，教材都是从美国舶来。说起专家，甭说国内，就连国外也寥寥无几。为了摸清我国海藻资源的“家底”，曾成奎决定踏遍祖国沿海，自己动手干。

一年又一年，一春又一秋，曾先生跋涉在潮落的礁石中，漂泊在潮起的舢板上。一次，在海南新港村他租一条小船去采集标本，风浪大，船只又是逆行，在波峰浪谷里漂泊了两天两夜后，他毅然弃船上岸，步行到目的地采集。翻山越岭，日晒雨淋，风餐露宿，饿了就啃自己带的干粮，渴了就喝自带的凉水。对于这些艰难困苦，曾呈奎习以为常。

到了采集地，趁着涨潮，曾呈奎急忙采集标本。深水中的标本，他潜水采到手；浅海中的标本，或踏着齐膝的

海带

海带，是海藻类植物之一，是一种在低温海水中生长的大型海生褐藻植物。海带主要是自然生长，也有人工养殖，多以干制品行销于市，以色褐、体短、质细而肥厚者为佳。海带有“长寿菜”、“海上之蔬”、“含碘冠军”的美誉。

海带

曾呈奎诞辰100周年纪念大会

曾呈奎先生雕像落成揭幕仪式

淤泥，或浸泡在齐腰的水中去采集。他的生活起居，完全服从采集需要安排，只要适合采集的时间，不管是烈日当空还是寒水刺骨，不管是黎明还是傍晚，他都要去。采集桶几乎天天不离他的背，甚至于有当地人误认为曾呈奎是卖冰糕的。

50多年前，紫菜的人工栽培一直是个谜，无法进行人工采苗和养殖。曾呈奎和他的合作者经历了无数个风餐露宿的日日夜夜，终于完成了紫菜人工栽培的实验，证明了紫菜孢子的来源，解决了紫菜栽培中的关键问题，使紫菜的大量人工栽培成为现实，并迅速获得成功，直接推动了我国海水养殖第一次“浪潮”的兴起。

中国沿海海域，潮来是海，潮去是滩。在曾呈奎眼里，这是片富有的“蓝色国土”。在这片蔚蓝之上，他提出了“耕海”的口号，提出了“浅海农业”的概念，成立了“耕海队”，在胶州湾的“耕海牧渔”也正式拉开了帷幕。在曾呈奎的“走向21世纪的中国蓝色农业”课题的推动下，“海上山东”、“海上浙江”等规划纷纷出台，并付诸实施。沿海其他省份不甘落后，相继提出科技兴海、建设海上强省等口号。这位耕耘在黄海畔的赤子不仅用自己的勤劳和智慧开辟了黄海的资源，也绵延到中国其他地方的蔚蓝海域之中。

“身体有用器官捐献社会，骨灰撒入大海，所有书籍和资料全部捐给中国科学院海洋研究所。”这是曾呈奎的临终遗言。捧着一颗心来，不带半根草去，曾呈奎用自己博大的胸怀在生命的最后时刻再次向世人展示了海之子的赤诚情怀!

生命始于大海，又回归大海。曾老逝世那天，遵照他的遗愿，载着他骨灰的“海鹰号”缓缓驶向黄海海域，把他的骨灰撒向大海，让这位大海的儿子，从此头枕黄海的波涛，长眠于这片蔚蓝之下。

黄海名士风情画

黄海，这一片奔涌不息的海域，用自己的海纳百川，用自己的波澜壮阔，滋养了无数先驱者的心魂。在历史的回廊中，海潮声此起彼伏，凝神屏息，那轻轻的脚步声响起，夹带着浓稠的岁月气息。恍惚间，黄海作画，绘出一幅骨骼清奇的名士画卷：

浪花翻滚，映照出不朽的容颜；海鸥催唤，叫醒了沉睡的故事。他们开辟荒蛮，普度众生，携带众生从愚昧的黑暗走向开化；他们立马横刀，指引江山，铸就坚毅不屈的侠骨柔情；他们登高望远，振臂一呼，用一腔赤诚洗净民族的前程……遥望黄海海面，一只承载使命的船只静静等待，就让我们跳上甲板，操桨摇橹，驰骋天际。

蒲松龄（1640—1715）

字留仙，一字剑臣，号柳泉，世称聊斋先生，现山东省淄博市人。创作出著名的文言短篇小说集《聊斋志异》，为中国短篇小说之王。

丁肇中（1936—）

著名物理学家。祖籍山东省日照市涛雒，美籍华人。现任美国麻省理工学院教授，曾获得1976年诺贝尔物理学奖。

梁实秋（1903—1987）

生于北京。中国著名的散文家、学者、文学批评家、翻译家。一生给中国文坛留下2000多万字的著作，其散文集创造了中国现代散文著作出版的最高纪录，与青岛也有着深厚的渊缘。代表作为《雅舍小品》《英国文学史》等。

毛汉礼（1919—1988）

物理海洋学家，将毕生精力全部奉献于中国的海洋科学事业。积极参与制定国家发展海洋科学的规划，改装出中国第一艘海洋综合调查船“金星号”，参加“渤海及北黄海西部海洋综合调查”及“全国海洋综合调查”等，取得了开创性成果。

黄海那些事儿

YELLOW SEA FOLK CUSTOMS

02

斜阳唱晚，渔船返航，海鸥斜飞，炊烟袅袅，这便是黄海渔民的生活画卷。当最初的先民定居于此，便开始用生命的颜色泼下第一抹釉彩。万里碧波中，渔家男儿结伴出海，在蔚蓝的海疆上画下生命的线条。海滨乡野，渔家女子成群织网，在金色的沙滩上涂抹祈祷的轮廓。锦衣素服献上一份浓墨重彩，风尘仆仆的民居也添了一份田园美色。祭祀的钟鼓响起，古老的习俗落地生根，送来似锦繁花。岁月发酵，傍海而居的黄海渔民用一颗颗质朴赤诚的心，创造出别有洞天的黄海故事。

海风习习，衣袂飘飞

一件件色泽鲜艳的海边霓裳，不仅飞舞出黄海渔民的心灵手巧，更抛给世人一条感知黄海文化深度的纽带。密密麻麻的针脚缝出了渔家女子对生活的美好期盼，精美秀丽的花纹绣出了渔家女儿对亲人的美好祝福。与海相邻，以海为伴，黄海渔民用自己的盛世华服向黄海献礼。

渔民“老棉袄”

黄海渔民，从前都有一件宽大的夹衣。这件夹衣其实是以一件夹袄作“底本”，不断地用布钉衲，一层层的缝缝补补使得这件衣服变得异常厚重，于是便称之为“老棉袄”，或者“千层衣”。

季节鲜明的黄海，难免风高浪急，呼啸的海风，刺骨的寒冷，“老棉袄”就成了渔民出海时的一件“法宝”。秋末、初春时节，渔民上身穿保暖遮风的老棉袄，下身配着一条口袋布做的裤子。上衣不用扣扣子，左右襟搭在一起，用一条细棕绳系住，真是方便又实用。入冬之后，穿上这样的“老棉袄”，再配上一条结实的“老棉裤”，就可以抵挡海上的严寒了。

胶东渔民的“老棉袄”，里面塞满了暖和的棉花。贴身的衬里，用浅颜色的粗布或洋布做成。粗布通常是由渔女织出来的，质地粗糙，又紧又硬，但穿在身上却是非常舒服。相比

之下，洋布质地要好些，摸上去光滑柔软。老棉袄的外布是深色的，多是黑色或深到发黑的蓝色，选择深色多是出于洁净方面的考虑。渔民常年出海，风里来雨里去，衣服当然不可能十分干净，深颜色的老棉袄即使脏了也看不太出来。

渔民的老棉袄，最大的特征就是千补百衲，一件衣服破了之后不会被抛弃，而是缝缝补补。长此以往，有时候渔民的一件老棉袄重量可以达到一二十斤。这件沉重的老棉袄里，藏纳着渔民节俭持家的传统观念。

穿“老棉袄”的渔民

随着社会的发展，渔民生活水平提高了，很少有人会把一件衣服缝缝补补穿许多年，老棉袄这种流行了上百年的渔家服饰也慢慢退出历史舞台。然而，不可否认的是，渔民的“老棉袄”绝不仅仅是一件衣服，它们伴随着渔民在海上乘风破浪，给予了他们来自陆地的温暖和安慰。老棉袄，承载着渔民的记忆和黄海的历史。

油衣配绑子

黄海渔民长期在海上劳作，风高浪急时，他们的衣衫总是会被腥咸的海水打湿。夏天还好说，过一阵就干了；可到了秋冬季节，浸水的衣衫贴在身上，真是刺骨难忍，若有强劲的海风吹来，那种滋味，即使坚毅的渔家汉子也难以消受。因此，一件独特的衣衫出现了，这就是海水难浸的铜墙铁壁——油衣、油裤。

为了解决防水难题，心灵手巧的黄海渔民开始动手缝制油衣、油裤。他们从油布伞得到灵感，先把普通白布裁剪成宽大的衣裤样式，再用细密严实的针脚缝制好，然后就将这些布料平摊在案子上，随即用手将桐油搓开在布面上，对布料进行油浸。要知道，桐油好处多，最重要的一点就是防水。完成油浸程序后，人们就将加工好的油衣油裤悬挂在阴凉处自然风干，等到桐油干透到布料的纤维之中后，就可以取下来穿了。

穿上这一身油衣油裤的渔民，仿佛有了一层保护伞，既可以避免海水的侵蚀，又可用来抵挡风雨，美观方便又实用。这身油衣裤，是属于黄海的独特诗情。

衣裤的问题解决了，鞋子怎么办呢？出海打鱼，普通的鞋子是肯定不行的。因此，黄海渔民还有一双出海专用的鞋子。冬天，渔民出海时，便要穿上一种叫做“绑子”的鞋。这种鞋的制作也十分特殊，是用腌制过的猪皮缝制而成的。穿的时候先在绑子里塞满干草，然后用绑带紧紧地把绑子绑在脚上。出海归来，脱下绑子，两只系在一起悬挂在阴凉处晾干，等到再次出海时，就可以直接拿来穿了。

渔村里，制作绑子是孩子们最期待的事，原因就在于绑子的独特原料——猪皮。大人们在制作绑子时，会把多余的底料剪掉，孩子们得到这些猪皮下脚料之后，就会放在火上烤。猪皮本就是腌制过的，经火一烤，香喷喷的，孩子们争相吃起来，这就是充满童趣的“吃绑角”。

身着油衣油裤，脚蹬一双绑子，黄海渔民便可以驾船出海，在黄海汹涌的波涛里往来穿梭，满载着一船甜蜜的收获返航。油衣配绑子，是渔民别具匠心的创意，饱含着他们对亲人平安的祝福，以及对美好生活的无限憧憬。

渔民劳作图

渔女爱红装

渔女爱红装

老棉袄、油衣油裤、绑子，是渔民为实用而发明的服饰。那么，爱美的渔家女子该穿着怎样的衣衫来衬托她们俏丽的身姿呢？瞧，碧海蓝天下，一群穿红戴绿的渔家女儿翩然走来。海风吹拂着她们的红衣红裤，海浪亲吻着艳丽多姿的绣花鞋，黄海女儿的青春靓丽瞬间洋溢。

黄海渔女喜穿红装的习俗，流行于山东沿海一带。烟台砣矶岛，世世代代生活在这里的渔女，得到了海洋的哺育，受到海风的熏拂，同内陆的女子比起来，她们性格奔放。旧时有民谣唱道："砣矶岛，三大宝，大红裤子大红袄，绣花鞋，满街跑。"堪称是对这群渔女的写真。在渔民心里，红色是热烈的颜色，代表着吉祥如意，红色可以趋利避害，彰显着生命面对大海时的昂扬斗志。身着一袭红衣的渔家女儿，一个个像精灵一样，游弋在渔村中，顾盼生姿，动人心弦。那一抹流动的红色，其实暗含对亲人海上平安的深切企盼。

对着一盏油灯，渔女们穿针引线，针尖有如游龙，在红色的布匹上绣出人世间最美的图案。飞禽走兽，树木花草，渴盼吉祥的心意也就一点点添加进去。古老的传统沿袭下来，渔女们不仅精心装扮自己，也着意以红色打扮子女。于是，每逢佳节和新春，整个渔村，便成了红色的海洋。

千补百衲的老棉袄，手艺独特的油衣油裤，简朴大方的绑子，鲜艳亮丽的渔女红装，这些海边霓裳都展现着浓郁的地方特色。黄海渔民穿起这些别具匠心、寓意深远的服饰，出入在黄海的万顷碧波里，出入在岁月淋漓的风雨中，出入在传统渔村的沙滩上。他们那灵动的身姿和飘扬的衣袂一起，定格在蓝天白云之下，任人欣赏……

大连服装文化节

黄海边有这样一个充满活力与创意、充满着艺术与人文的城市——大连。这座海滨城市不仅仅有着飞速发展的经济，碧海蓝天的美景，它更是在黄海畔架起了一台台运作不息的机器，描绘出了一张张新颖别致的设计，调制出了一种种独一无二的色彩。大连，俨然已经在黄海畔舞动着衣袂和裙角，成为一座新兴的服装城。

每年9月初，美丽的海滨城市大连都会在这个金秋送爽的时节举办一场盛大华美的国际服装节。这是一个集经贸、文化、旅游于一体的国际性经济文化盛会，也是目前我国规模最大、档次最高、影响面最广、效益最好的国际服装节之一，并与时尚之都香港的时装节结为姐妹节。九月秋风送爽时，满城欢度服装节。每一届服装文化节都吸引着五大洲众多国家和地区的客商和海内外政界著名人士、新闻记者、旅游者前来参加。气势恢弘的开幕式晚会，欢快热烈的巡游表演，精品竞秀的服装博览，商贾云集的出口洽谈，佳作生辉的设计大赛，光彩照人的时装展

大连国际服装节节徽

节徽图案由大连服装节的英文缩写“DFF”组成，也是大连服装“大、服”两字的汉语拼音的字头。“F”是海鸥的变形，意味着这是在海滨城市举行的活动；几条白线点缀，又给人以衣领、面料、领结等联想；中间充实画面的如眼睛瞳仁，配以富有浪漫气息的蔚蓝色，恰似大连睁大眼睛注视世界，赢得四海友情。

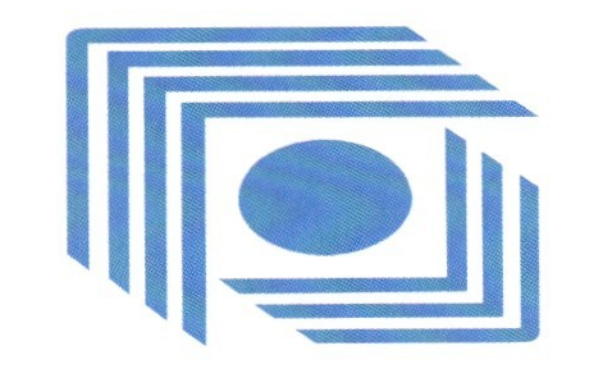

2011大连服装文化节开幕式

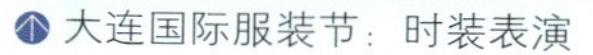

大连国际服装节：时装表演

大连国际服装节：时装表演

大连国际服装节：旗袍表演

演，见解独到的文化论坛，服装节一届又一届的举办把大连的服装生产和销售不断从一个高潮推向另一个高潮，使中国的服装艺术迅速走向世界，为中国服装走遍天下创造了良好条件。

大连之所以成为服装名城，也深受黄海这片海域的影响。海洋给了大连人更加豪爽开朗的性格，也使得他们具有乘风破浪的精神，更有助于他们接触世界服装舞台上的新趋势、新潮流，并将其与自身的服装发展紧密联系起来。今日的大连服装已成为中外联系的一条纽带；其贯通中西所独创的立体剪裁法，使大连服装艺术独领风骚，所创造的服装兼具中西风格，融日本的做工精细、欧美的挺括潇洒、中国的典雅神韵为一体，已成为世界新潮服装之一。大连服装，弘扬了我国真善美的传统服饰文化，再现了我国汉代“丝绸之路”、盛唐“衣披天下”的辉煌，在黄海之畔形成了一幅衣袂飘飘的盛大景象。

大连国际服装节开幕式：民族服饰表演

大连国际服装节开幕式：朝代服饰表演

以海为厨，美食飘香

美丽富饶的黄海，如同一座四时不歇的菜园，为滨海而居的人们奉送着源源不断的奇珍异宝。繁华的闹市，幽静的小巷，只要有人烟的地方，就有让人垂涎欲滴的香气迎面扑来。无论是本地渔民，还是慕名而来的食客，沉浸在一场忘情的饕餮盛宴中，流连在黄海别样的饮食文化里。细细品咂，美味的记忆久久不散，那是渔民生活的味道，那是传统习俗的味道，那更是黄海的味道。

“腥腥锅”VS“素锅”

海洋鱼类，是黄海渔民最主要的食材之一，也是日常生活的主角。每一年的春天，新鲜的鱼产品一上市，家家户户就开始准备起“腥腥锅”了。

“腥腥锅”是一种以鱼类为主的饭食，包括各种各样的鱼类烹饪，还包括以这些鱼类为馅的包子饺子，当然也包括用新鲜美味的鱼汤做出的那一碗碗香喷喷的鲜鱼面。这些鲜美可口的饭食，在黄海渔民的字典里都被称为“腥腥锅”。

先来说一说“腥腥锅”中的一种——鲜鱼水饺。在山东沿海一带，鲜鱼水饺是人们钟爱的美味佳肴之一，大街小巷上那些格局各异的鲜鱼水饺馆便是证据。鲜鱼水饺的最大特点是皮薄、馅多。用来做馅的海鲜很多，如鲅鱼、鲳鱼、墨鱼等，每种鱼都有自己独特的风味，使得鲜鱼水饺的味道各有千秋。其中，最深入人心的要算鲅鱼水饺。鲅鱼味道鲜美、皮滑肉嫩、口感极好，这也就使得鲅鱼水饺在鲜鱼水饺中出类拔萃。

鲜鱼水饺个头不大，模样也算俊俏。鲜鱼水饺本来是源于生活节约的理念，后来发展成为黄海独具特色的海味美食。春天，汛期来临，家家户户都会包鲜鱼水饺庆祝丰收，而渔村女人相互见面打招呼，都会热情地和对方寒暄：“吃了几大碗水饺？”体现出酣畅淋漓的快意。

鲅鱼水饺

海菜包

再来说一说“腥腥锅”的另一位成员——鱼包子。鱼包子的做法简单些，将做馅的鱼类切成块，然后和韭菜或是其他时令蔬菜拌在一起即可，无须像做鲜鱼水饺那般将鱼肉里的鱼刺挑出来。香喷喷热腾腾的鱼包子端上桌之后，渔民一边吃一边将鱼刺从嘴里挑出。对于这些长期吃鱼的黄海渔民来说，挑鱼刺是一件别有情趣的事情，倘若在包子里吃不到鱼刺，他们便会觉得吃鱼包子的乐趣少了一大半了。

在“腥腥锅”的食谱中，鲜鱼面不能不提。鲜鱼面是风行渔村的一种极具传统特色的代表性饮食。这种面的做法是先将鲜鱼放在锅中爆炒，之后加水放面进去。面条通常是宽宽的手擀面条，粗细均匀，很有嚼劲，和浓郁可口的鲜鱼混在一起，煮出来的鲜鱼面汁白汤浓，喝一口汤就能让人心旷神怡。吃面时连同鱼块一同送到嘴中，吃进去的不仅是这一碗面条，更是渔家人心中那份丰收的喜悦。

说完了“腥腥锅”，当然也要介绍一下“素锅”，这也是渔家人利用黄海的馈赠制作的一道美味。制作素锅使用的食材主要是海菜。同“腥腥锅”的做法类似，“素锅”也就是选用海菜制作而成的海味美食，吃一口下去，海菜细嫩，香鲜可口，浓浓的海味带着大海的气息扑鼻而来，挑逗着人们的味蕾。

不论是用鲜美的鱼类烹制而成的“腥腥锅”，还是用素朴的海菜熬煮的“素锅”，都是黄海人在充分利用海洋的无私赠予。虽没有大厨的精湛手艺，也没有精雕细琢的工艺追求，但这两道简单的菜肴中，盛满了渔民淳朴的饮食观念：用最天然的海洋食材，制作出醇厚的饮食记忆。

“粑粑就鱼”

在炕桌当中摆放着一个平底的小铁锅，锅底“咕嘟咕嘟”炖着鱼，周围摆了一圈金黄的粑粑（胶东将玉米面饼子称为“粑粑”），鱼味鲜香四溢，粑粑香甜扑鼻，这就是著名的“粑粑就鱼”。因而，也就有了“圆桌，铁锅，粑粑就鱼；靠海，临山，顿顿留香”一说。

胶东靠山临海，多样的地理环境也造就了多彩的美食。在山东烟台、威海等沿海地区，“粑粑”配鱼一起吃，是当地渔家的传统美食。制作这一美食非常简单，锅里油热后，放入葱花姜丝，爆炒出香味，再倒入足量的水，将一条鲜嫩的鱼切成块放进去，加上盐，盖好锅盖炖煮。俗话说“千滚豆腐万滚鱼”，鱼炖煮的时间越长，就越容易出香味。等锅里鱼汁还略有剩余的时候，把和好的玉米面团成饼状顺着锅边贴一圈，稍稍闷一会儿，让粑粑的下半部分吸收一些鱼汤，一锅“粑粑就鱼”就做好了。鲜美的海鱼，金黄的粑粑，从外观上堪称绝配，即使从营养学的角度看，也是值得称道的。

“粑粑就鱼”

现在，“粑粑就鱼”这道菜早已经走出偏远的渔村，走进繁华的都市，供人品尝。当然，“粑粑就鱼”的做法可能因沿海各地不同的习俗而稍稍有异，但在美味这一点上却是绝对相同的。这道美食的源起，牵扯着一个有趣的故事。在闹灾荒的旧社会，许多人饿死了，唯有胶东沿海，人们在丘陵上种出玉米，从大海里捕出海鱼，“粑粑就鱼”让人们得以糊口，人们衣食无忧。然而天长日久，一些渔民因为吃喝不愁，不免心生惰性，不思进取。而那些曾忍受饥饿的人不满现状，顽强打拼，不仅解决了温饱，而且吃上了比“粑粑就鱼”更好的美味。那些不思进取的人只能在一旁羡慕。于是，“粑粑就鱼”也有了另一种意味：不思进取，也就只能“就鱼”了。

简单的小锅子里，金黄的小饼子，泛着银光的鱼儿，还有那时时蒸腾的诱人香气，让我们在陶醉中似乎看到了渔民渴望生存的眼睛，也更领略到了一份独特的意蕴：这是泥土和大海的一次聚首，就像那些生活在岸上、谋生在海里的渔民一样，既需要大地的安抚，也需要海洋的恩赐。

加吉头，鲅鱼尾，刀鱼肚子，老子嘴

在品尝即将出场的海味之前，先来看一段故事。从前，在胶东沿海一带，如果土匪在绑票时不清楚人质的身份，通常会先请他吃鱼。如果人质第一下子就把筷子插在鱼背肉厚的地方，那他就会马上被拉出去杀了。这是为何呢？原来，善吃鱼的人第一筷子就会找到鱼身上最美味的地方，如鱼鳃上的肉瓣、胸鳍的根部、鱼头鱼尾等处。而不善吃鱼的人，自然会胡乱下箸，当然不会是个富贵人，这就算是绑了个空票。土匪就是以会不会吃鱼来辨别人质的家底和身世的，也就有了“加吉头，鲅鱼尾，刀鱼肚子，老子嘴”的说法。

加吉头指的是加吉鱼最美味的地方在于它的头部，味道鲜美且多带胶质。加吉鱼学名为真鲷，有黑加吉和红加吉之分。山东烟台套子湾的红加吉鱼最为名贵。胶东沿海一带的渔民，对加吉鱼的头情有独钟。当地人吃加吉鱼喜欢清蒸，以求充分保持其天然鲜味。原汁原味的清蒸加吉鱼端上来，人们并不动它的头尾，只是象征性地吃几口，点到为止。然后撤下去再烧汤，汤汁浓香醇白，食客自己添加白胡椒粉、葱花、白醋、香菜等调味，热热地喝下，尽享美味。在渔船上，食加吉鱼时很有讲究，就是加吉头必须留给船长，其他船员不能染指。

加吉鱼

鲅鱼

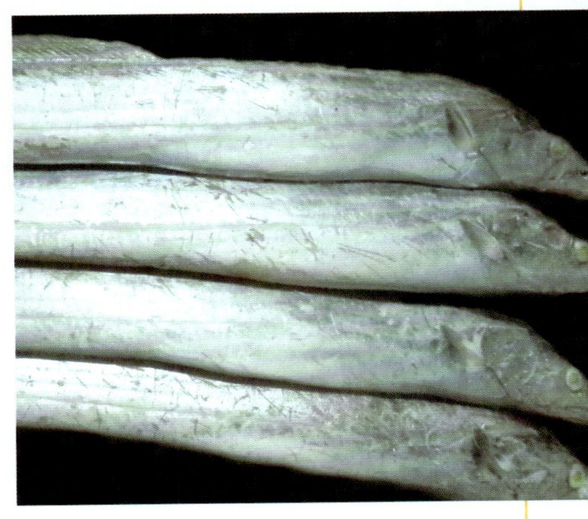
刀鱼

再来品鲅鱼尾。顾名思义，鲅鱼身上最好吃的莫过于它的尾巴了。鲅鱼是普通的海鱼，海滨集市随处可见。将鲅鱼剁成大块儿或焖熟或红烧，鲜香味扑鼻而来。鲅鱼尾通常让给长者或客人，因为它肉质滑嫩，味道异常鲜美，富含丰富的胶原蛋白。“鲅鱼跳，丈人笑。”在青岛，有女婿给岳父岳母送鲅鱼的习俗，以此表示对老人的孝顺与尊敬。倘若你到胶东海滨做客，有幸吃到一条大鲅鱼，那么，就把它当做一场海洋赠予的盛宴吧。

胶东沿海是刀鱼的重要产地，刀鱼也就是常见的带鱼，因样子酷似一把银光闪闪的大刀，当地的渔民就把它叫做刀鱼。刀鱼常见的吃法有蒸、烧、炸等。吃刀鱼讲究吃带肚皮的前半段，肉肥嫩鲜美，富含油脂，这一部分的鱼肉吃起来格外香嫩。

“老子嘴”中的“老子”指的是胶东沿海一带所谓的唇唇鱼，当地的渔民也难以说出唇唇鱼究竟什么样子。这种鱼的体形与加吉鱼有些类似，身体两侧是黑白相间的竖条纹路，条纹宽不过寸，鳞片细小，暗淡无光。据说唇唇鱼的嘴巴味道堪称一绝，有机会品尝过的人都赞不绝口。

“加吉头，鲅鱼尾，刀鱼肚子，老子嘴”这句话可以说是一条简单的食鱼经，这是黄海渔民辛勤捕捞出来的海洋美味，也是他们对于海洋奇珍发自内心的真挚赞叹。

福山菜

“要想吃好饭，围着福山转。”这里的福山，位于山东烟台，是久负盛名的“烹饪之乡”。福山烹饪传统历史悠久，烹饪技艺代代相传。明清时期，福山厨师一度享誉京城。此后，福山厨师将福山菜品带至世界各地，使福山菜风味享誉海内外。

濒临黄海，福山菜选材广泛，鱼虾蟹参，各色海味纷纷登上福山菜菜谱，促成了福山菜的诸多菜品。福山厨师巧夺天工，精湛的技艺堪称炉火纯青，各种菜品精益求精，形成了色、香、味、形特色鲜明的饮食个性。

中国菜肴流派众多，形成了著名的“八大菜系”。八大菜系之首当推鲁菜，而福山菜是鲁菜重要的一支。当清鲜脆嫩、原汁原味的福山菜出现在餐桌上，必定会给慕名而来的食客

糟溜鱼片

黄鱼豆腐

留下一段难以忘怀的饮食记忆。为弘扬福山菜的优良传统，2001年1月10日，福山成立了专门的烹饪协会，福山的厨师在继承传统的同时着意创新，努力打造品格独特的饮食文化。

生有涯，食无涯，黄海美食的故事源远流长。当一盘盘精致的菜品呈现在食客眼前，这是黄海渔民千载的心意。当地道的渔家菜端上桌面，这是黄海儿女万年的结晶。那温暖的色泽，那缭绕的香气，既熨帖了人们的肠胃，也安抚了人们的精神。

疲倦的渔民卸下沉重的渔网，细数海洋的馈赠。那一刻，一种比温饱更为宏大的精神在缓缓飞升。饱含着渔民血汗的收获，凝结着黄海深情的美食，皆已化为天际的飞鸿，成为人们惊艳的文化风景。

福山菜趣事

福山城北有一个小村庄，相传，明朝穆宗皇帝曾专程安排半副鸾驾来这里接福山老厨师进京，为他烹制“糟溜鱼片”，村子由此得名鸾驾庄。

明清时期，福山厨师闯荡京城，为皇帝烹制菜肴时把干海肠粉撒到菜里，做出的菜味道鲜美，让皇帝赞不绝口，福山厨师的名气也就此响遍大江南北。

葱烧通天参

家住黄海边

“我有一所房子，面朝大海，春暖花开。”这句看起来简单平实的话，不知让多少后来人为之沉迷和心动。临海而居，看天边云卷云舒；面朝大海，听海风伴随鸟鸣。海边的建筑，别具一格，依山傍水。这些千姿百态的渔家广厦，仿佛临水而立的女子，风姿绰约地站在黄海之畔。

胶东“海草房”

“长山岛，三件宝：马蔺，火石，海苔草。”这是一句流传在胶东半岛的民谚歌谣。这句民谣里所说的海苔草，就是当地人用来构建海草房的重要原料之一。

中国邮政曾经发行过一系列以各地特色民居为主题图案的邮票。在山东民居的邮票上，人们看到的是一处别具一格的屋舍：在石块或砖石块混合垒起的屋墙上，有着质感蓬松、绷着渔网的奇妙屋顶，这就是极富地方特色的民居——海草房。当你走进山东的渔村，就可以看到这些以石为墙，海草为顶，外观古朴厚拙，极具

海草房

地方特色的宛如童话世界中的民居。这些海草房屋顶用特有的海苔草苫成，堆尖如垛，浅褐色中带着灰白色调，古朴中透着深沉的气质。传统的海草房外墙多以大块的天然石头砌成，石材不追求整齐方正。有些讲究的人家还在石块表面雕琢出木叶或元宝纹饰，给人粗犷而不粗糙的感觉。一年四季，经常会有摄影师、画家走进这个地方，用镜头和画笔来记录这些独具特色的民间建筑。

你可能会奇怪了，“海草”怎么能建起房子来呢？要知道，用于建造海草房的“海草”不是一般的海草，而是生长在水深5~10米浅海的大叶海苔等野生藻类。海草生鲜时颜色翠绿，晒干后变为紫褐色，非常柔韧。人们将这些海草打捞上来，晒干整理，等到盖房子时使用。由于生长在大海中的海草含有大量的卤和胶质，用它苫成厚厚的房顶，除了具有防虫蛀、防霉烂、不易燃烧的特点外，还具有冬暖夏凉、居住舒适等优点，深受当地居民的喜爱。

胶东一带热衷于建造海草房，这和黄海沿岸独特的地理气候环境是分不开的。胶东沿

海草

有关海草房的绘画作品

海地区，夏季多雨潮湿，冬季多雪寒冷，且风速较大。由于海草屋顶的整体性较好，层层叠压的海草不用任何黏合、捆绑材料加以固定，也不会被大风吹走。海草中含有大量的盐分和胶质，耐久性可达几十年之久。用它们苫成的厚实房顶，可以防漏吸潮、持久耐腐。

建筑是石头的史书，建筑是凝固的音乐，建筑体现了一个区域的智慧和追求。胶东一带的“海草房”，正是当地气候和文化的体现。

青岛“会前村”

在如今的青岛中山公园里，可以看到一个上面刻着“会前村遗址”的石碑。也许每一个青岛人都会面对着这个石碑若有所思，因为可能很多人都从祖辈的口口相传中听说过这样一个遥远而美丽的存在。对于青岛人来说，会前村，如同古籍里描绘的桃花源一样，充满着温馨与传奇的色彩。

说到会前村，恐怕要追溯到明朝。明朝初年，一支内陆移民来到了会山（今青岛太平山）脚下，借着平缓的坡地和眼前一望无际的大海，开始了持续500余年的平静生活。会前村是青岛版图上最早有人居住的村落之一，村中的百姓，堪称是青岛的拓荒者。男男女女们在这个背依青山面朝黄海美丽宁静的村庄聚居，过着男耕女织的生活，更是靠着黄海的滋补和养育，男人出海打鱼，女人在家织网，共同建构着美好的生活。

19世纪末，与繁华的市镇相比，这个只有三百余人的会前村也只是一个难以引人注目的小村庄，这里的村民们单纯简朴，按照祖辈们延续下来的生活方式过着安居乐业的生活。然而，这份平静却被入侵的德国侵略者打破，德国殖民者强占胶州湾之后，于1901年6月，强征了包括会前村在内的五个村庄，在这些村庄拆除住房，兴建苗圃，殖民政府支付给村民一笔安家费用，村民们便被遣散，有的到青岛各区域继续租地务农，或者另寻海港捕鱼为生，当然也有些村民去做了生意……就这样，这些会前村的居民们散落到青岛各处，一个美丽的世外仙境般的小村庄不复存在，留给后人的，只有如今中山公园石碑旁的左右槐枣，杜梨数株，见证着一段历史和一种生活方式的沧桑变迁。

会前村遗址石碑

好在，我们仍旧可以从点点滴滴的历史痕迹中，拼凑出一幅幅古老生活的宁静画卷，探寻那淡泊简朴的生活背后渔民与黄海紧紧依偎、人与自然和谐相处的生存之道，让黄海畔的青岛人，每当想起会前村时，都好似有一股清新的海风吹来……

青岛中山公园小西湖

海洋狂欢

总有那么一个节日，升腾着歌与舞，涌动着期盼和憧憬。总有那么一场盛会，弥漫着希望和感恩，歌颂着将来和过往。千百年来，世世代代临黄海而居的黄海人，享受着这片海域万千恩泽的同时，也感念着这片海域给予的生命的馈赠。于是，形形色色的海洋狂欢竞相绽放，渔家人用自己独特的形式，奏响了一曲曲献给黄海的颂歌。

田横祭海节

祭海是渔民在漫长的耕海牧渔生活中创造的一种独具地域特色的渔家文化。每年谷雨前后，渔民们在修船、添置渔具等生产准备工作就绪后，选个“黄道吉日”把渔网抬上船，便开始祭海。

在形形色色的渔民祭海活动中，最负盛名的便是田横祭海节。田横位于山东即墨鳌山湾畔，风光旖旎，人文荟萃。据专家对田横境内古文化遗址考证，早在6000年前的新石器时代，先民们就在田横区域渔猎为生、繁衍生息。当时因认识水平有限，人们无法解释大自然的神秘现象，对大海怀有深深的敬畏心理，出海捕鱼时都要向海神祈福求安。明永乐年间，随着当地人口聚集，这里逐渐形成村落，祭海仪式也粗具规模。至民国初年，田横祭海形成以家族或船组为单位的集体祭海活动。每逢祭海，如同我国春节般，是渔村最热闹的日子。

田横祭海节

每年祭海前的十几天，田横镇的渔家媳妇们便开始忙着蒸面塑，每个重达三四斤，有寿桃、圣虫、斗等多种造型。每一种面

田横祭海节

塑都别出心裁、各有千秋，寿桃面塑上饰有双狮戏绣球、龙凤呈祥、喜鹊报春等图案；圣虫面塑形如龙状，绕多圈盘绕在莲花底座上，寓意财源广进；斗的形状如旧时盛粮的斗，在斗口处做上一条小圣虫，寓意有粮有钱、年年有余。这些面塑经食用色彩装饰后，成为颇具民俗特色的面塑艺术品。

临近祭海的日子，男人们便忙着选三牲。猪以大个黑毛公猪为佳，宰杀后刮毛，只留猪脖子上的一撮黑毛，然后用红绸布打成红花结，装饰在猪头和猪脖子上。鸡要选个头大的红毛公鸡，鱼要用大个的鲈鱼。渔民们要请村里德高望重的老人用黄表纸书写“太平文疏”。写“太平文疏”时要点上一炉香，给所祭祀的龙王、海神娘娘、财神、仙姑、观音菩萨五位神灵各写一份，寓意向诸神祈求平安丰收。

祭海前一天，渔民们将海边的龙王庙打扫一新，悬挂大红灯笼，摆香炉、祭案，贴对联，披红挂彩。同时，在龙王庙前的海滩上扎松柏龙门，在其上悬挂匾额，挂满彩灯，张贴大红对联。船主忙着将彩旗猎猎的渔船开到村前海湾，船头面向大海，一字排列，将渔具和网具摆放整齐，然后下锚定位，等待第二天正式举行祭海仪式。

祭海仪式当天，渔民们以船为单位在龙王庙前的海滩上开始摆供。一束束用竹竿绑扎成的几米高的“站缨”迎风而立，一张张供桌上摆满了各类面塑、糖果点心。桌前的红漆矮桌上，一头头黑毛公猪“昂首向前”，一只只大红公鸡“精神抖擞”。渔民们将要焚烧的黄表纸整理好，摆好香炉。吉时一到，主祭人宣布祭海仪式正式开始。一时间，鞭炮齐鸣，锣鼓喧天，人们开始焚烧香纸，并把写好的“太平文疏”点燃，磕头朝拜。鞭炮声中，船老大们开始往空中大把地抛撒糖果，有“谁捡的糖果多，当年即交大运”的说法。当地渔民还崇信谁家的鞭炮声势大，这一年便会兴旺发财的说法，因此祭海多用成千上万响的大鞭炮。船家们把上千挂鞭炮同时燃放，场面十分壮观。祭海时还会请来有名的戏班子，连唱三天，极其热闹。祭海仪式结束后，渔民们一般都在船上聚餐，并欢迎客人到船上一同吃肉喝酒，来的人越多，表明接到的祝福越多。祭海后第二天，渔民便出海开始一年的渔业生产。

如今，随着生产能力提高、科技普及和渔民思想意识的转变，祭海在保留传统节目形式的基础上，由原来纯粹向海神祈福求安，逐渐转变为对美好生活的向往和企盼，形成了独具特色的民俗节日——祭海节。2008年，田横祭海节被列入第二批国家级非物质文化遗产名录，并荣膺首届节庆中华奖“最佳公众参与奖”。

青岛国际海洋节

把青岛称为黄海畔的一颗明珠，再恰当不过。这座美丽的海滨城市，无论是千百年前的那个安静祥和的小渔村，还是如今兴旺发达的大都市，青岛都受到了黄海无与伦比的恩泽和馈赠。正是因为这片海，才有了青岛今天的红瓦绿树、碧海蓝天；正是因为这片海，才有了青岛如今的欣欣向荣、繁荣发展；正是因为这片海，才有了心胸开阔、积极创新的青岛人。青岛的历史，就是在海风的吹拂与海浪的陪伴下形成的。为了表达青岛人对这片海域的感激和热爱，于是便有了以海洋为主题的节日——青岛国际海洋节。

青岛国际海洋节开幕式

青岛帆船

青岛国际海洋节初始于1999年，每年盛夏7月份举办。活动内容丰富多彩，有海洋经济、海洋人文、海洋科技、海洋文化、海洋美食等几大板块数十种活动，以自身的妩媚和风情吸引着成千上万的海内外游客光临参加。十几年来，青岛国际海洋节已成为青岛靓丽的风景线之一。

每年青岛国际海洋节举办的时候，都会有璀璨耀眼的烟花，各种各样的歌舞表演，以及为了普及海洋知识而向市民免费开放的各种舰艇参观。“拥抱海洋世纪，共铸蓝色辉煌”，这是十几年来青岛国际海洋节的主题。青岛国际海洋节以保护海洋、合理开发利用海洋资源和实现人类经济与社会可持续发展为目标，在倡导科技创新、发展海洋经济和国际友好合作方面做出了不懈的努力。

青岛帆船

山东荣成国际渔民节

在荣成沿海渔民中流传着一句俗话，叫做“谷雨时节，百鱼上岸”。这是受所处的地理位置影响，随着谷雨时节的到来，天气变暖，所有鱼虾都向岸边洄游过来，从而形成了“百鱼上岸”的壮观景象。谷雨过后，休整了一年的渔民又忙碌起来了。捕鱼、钓鱼、赶海，一年的海上生产又开始了。按照惯例，在打第一网鱼之前，渔民们总要备上各式供品，燃放鞭炮，面海跪祭，祈求海神保佑平安、鱼虾满舱。渔民把“谷雨”这个春暖花开的日子作为喜庆的日子，非常重视，久而久之，便演变成荣成渔民的传统节日。

山东荣成国际渔民节场景

山东荣成国际渔民节场景

改革开放以来，为了弘扬威海的海文化，进一步发展外向型经济和旅游事业，荣成市人民政府于1991年4月20日至21日，在我国北方最大渔港——石岛举办了首届渔民节。当地约十万群众和近万名中外来宾参加了节庆活动。活动既有传统的祭海和划船、钓鱼、织网、水产加工比赛，又有商品、土特产展览和经贸洽谈，还有灯展、花展、书画展、文艺晚会等一系列活动。

荣成国际渔民节以增进国内外文化交流、发展经济、促进开放、共同繁荣为宗旨，举行了新闻发布会、典礼仪式、游艺活动、观光旅游活动，举办了地方名优产品和书画等展览、经贸洽谈、文艺晚会等活动，使荣成渔民节成为中国海文化的盛会，赢得了中外来宾的高度赞誉。它不仅是渔民自己的节日，更是中国海文化的一场盛会。

节日的锣鼓响起来，节日的盛装穿起来，节日的舞蹈跳起来，这一片海洋瞬间变成了金色，释放着渔家人的情意和企盼。这一场欢歌笑语的盛会，仿佛让黄海海面上燃烧起龙的图腾，用它变幻莫测的神力给这片原本就生动多情的海洋增添了别样的魅力。

黄海习俗

从人类的祖先与黄海相约在地球的那一天起，一个美丽的故事便拉开了序幕。千百年来，在渔民和黄海的日夜为伴、朝夕相处中，一种种习惯生成和演变，慢慢地成为世世代代黄海人都谨记心头的习俗。习俗是文化的象征，习俗更代表着一种美好的企盼。走近黄海习俗，也就走近了黄海渔民们的生活和信仰，喜悦和憧憬……

黄海是渔民们的生命之源，是他们赖以生存的天地。千百年来，黄海渔民成群结队出海，收获满舱鱼虾用来支撑起自己的家庭。然而，俗话说得好，无规矩不成方圆。渔民出海也不例外。在与黄海朝夕相处的日子里，黄海渔民流传下了固定的捕捞作业习俗和船上饮食习俗。这些习俗虽然很多都只是口头相传，没有书面的规定，但黄海的每个渔民都将它们牢牢地记在心里，并且用心遵守。

连云港：船上吃饭禁忌多

出海打鱼，有时候经常好几天与大海为伴，所以渔民的一日三餐通常在渔船上吃。浩瀚的大海既能给渔民带来收获的喜悦，又会让他们对狂风暴雨心生畏惧。渔民经常食用的鱼类通常是从大海里获得的，久而久之，他们便形成了一系列独特的船上吃饭的禁忌，这种吃饭禁忌在黄海畔连云港一带尤为明显。

连云港一带的渔民中有许许多多不成文的船上吃饭习俗。上船后第一次吃鱼，必须把生鱼先拿到船头祭龙王以及祭那些在出海中不幸丧命的渔民。做鱼不能把鱼鳞去掉，也不能破肚，要把整条鱼放在锅里。鱼烹饪出来之后，最大的鱼头必须拿给船老大吃。当饭菜上桌一切都准备妥当之后，船上的渔民不能比船老大早动筷子。此外，吃饭时从锅里盛出来一盘鱼放好之后，这一盘再也不可

船上吃饭的渔民

以挪动，挪动就意味着“鱼跑了”，这对于渔民来说可不是个好兆头，是坚决要避免的。此外还有一些禁忌，例如，在同一个捕鱼航次中，第一次蹲在什么位置吃饭，以后都不允许再变动，否则会被认为是不吉利的。吃饭的时候，夹菜只能夹靠近自己一边的，不能将筷子伸到别人那边，否则便被称为“过河”。如果某人由于不知道或者不注意在吃饭时不小心“过河”了，船老大要立即夺下他的筷子扔进大海，因为在航海渔民的眼里，随便“过河”是不好的征兆，一定要扔掉筷子才能破解。在船上，所有吃剩下的饭菜不准倒进大海，一定要放在缸里带回陆地之后再做处理。

渔家人在船上吃饭时特别忌讳“翻”这个字，因为出海最惧怕的就是翻船。所以在吃鱼时，不可将鱼身翻过来，嘴上也不能说出“翻”字，而是要说“顺着吃”或“划过来吃”，有些比较讲究的地方还会说“跃个龙门”。此外，船上吃饭时饭勺也不能底朝上，因为倒扣着放的饭勺从外形上看很像翻过来的船。长期出海捕捞的黄海渔民，莫不期盼着一帆风顺平平安安，因此对这些禁忌非常在意。渔家人讲究“年年有余”，所以吃鱼一般不吃光，必须留下来一碗鱼或者鱼汤，下次做鱼时再放进去，这就意味着“鱼来不断”。

也许在今天的很多人眼里，这些习俗是不可思议和奇怪的，也有一些人认为这些习俗不讲科学，是迷信的体现。然而我们应该知道，这些习俗的真正源头是海上捕捞打鱼的危险和艰辛，是渔家人虔诚地祈祷着平安、祈祷着丰收的真诚心愿的体现。

胶东：父子不同船，上船不饮酒

黄海不仅有温柔平和的一面，更有粗暴狂野的一面，那些长年累月在海洋中出入的渔家人，经常会面临着难以想象的困境和挑战。“出海脚踏三块板，命就交给老天管。”古铜色肌肤的男人们收拾好了渔网，拉开了风帆，准备进行下一轮的捕捞作业，等着去捕获鱼虾喂养一个家庭，而这个时候的女人，只有伫立在码头上，目送着舟楫的远去，眺望的眼神里有期盼也有不安。

正是因为海上作业充满着未知的风险，因此便有了“父子不同船”的说法。出海打鱼是一件女人无法胜任的体力活，而

“父子不同船”的习俗正是为了保证在家中劳动力出海遇到海难时还有其他劳力可以继续支撑家庭，不至于留下年迈的老母和体弱的娇妻无人照顾。“父子不同船”后来甚至发展成父子兄弟、家庭成员都不得在同一条船上进行作业。这个习俗已经是胶东一带不成文的规定，也被当地渔民当做行为准则，世世代代严格地遵守着。

除了“父子不同船”，还有一个规定叫做“上船不饮酒”。渔民大多性情豪放，受到海洋气息的熏陶，世世代代都喜欢豪饮。渔民整日辛劳，面对着深不可测的大海，在风浪交加中摸爬滚打，不知遇到过多少风险和惊吓，喝酒一是可以忘忧压惊，二是可以解除疲劳。然而我们知道，若是饮酒上船定然会影响安全，因为喝酒之后人的动作会相对迟缓，脚步也会很趔趄，容易在海上发生事故。所以，渔民们一旦接到船老大的上船通知，便没有一个人会

渔民撒网

在上船前饮酒，更没有人会带着酒意上船，因为这些渔民都知道自己身上的责任——对这艘船的责任，对一个家庭的责任，以及对生命本身的责任。

黄海渔民捕捞禁忌

黄海渔民在出海捕捞的过程中，为了能够祈祷获得丰收，安全返港，也形成了形形色色的捕捞禁忌。例如，渔民在上船出海时，不能赤脚，最起码也要穿着一双草鞋；必须戴上帽子，因为传说不戴帽子的头在海水中发亮，会引起远方怪鱼的注意，怪鱼看到之后便会以很快的速度过来吃人。另外，渔民在船上不可以两手抱膝坐着，也不可以坐在船帮并将两只脚伸进海里，据说这种做法对海龙王不敬，会遭到海龙王的报复。当然，也不能在船头和船两边大小便，这样更是亵渎神灵，海龙王会暴怒，这样做的人会被踢进水中，通过请求，接受了惩罚之后才允许上船。还有就是渔民在海上捕鱼期间不许剃头，因为“剃”字意味着渔民捕捞作业中的重要工具——渔网要受损失。

渔民放网箱

这些流传了很多年的捕捞禁忌，在我们今天看来也有些许可取之处。例如，必须穿戴鞋帽，实际上这可以起到一种安全防护的作用；不能将两只脚伸进海里，实际上这也是为了防止不注意时被海里的大鱼咬伤。

渔船在海中遇到鲨鱼时，渔民要向海里撒米，同时将一面三角形小旗抛入海中，俗称“天鲨鱼引路”。据说这是鲨鱼在赴龙宫赶考途中迷了路，因此浮出海面向渔民问询。渔民撒米施食，可避免鲨鱼不高兴从而兴风作浪，把渔船掀翻。

翻滚起来让人敬畏的黄海，也留下了许许多多让人心生敬畏的习俗。这些禁忌也好，避讳也罢，依山傍水的渔家女儿，热忱信仰，虔诚祭祀，都只为那活在心中的一方海神能赐予他们一生的平安喜乐。

海上仙山与道家的不解之缘

自古以来，海上仙山都在文人的诗词、画家的笔墨，甚至普通百姓的口耳相传中渲染上了一丝神秘的色彩。这些神秘色彩通常和宗教有关，那些缥缈间的海上仙山便与道教结下了不解之缘。

崂山

“泰山虽云高，不如东海崂。”这一句诗赞美的便是矗立在黄海之滨的“海上第一名山”崂山。拔海而立，山海相连，雄山险峡，水秀云奇，山光海色，正是崂山风景的特色。在全国的名山中，唯有崂山是在海边拔地而起的。漫步在崂山的青石板小路上，一边是碧海连天、惊涛拍岸，另一边是青松怪石、郁郁葱葱，会让人感到心胸开阔、气舒神爽。因此，古时有人称崂山为“神仙之宅，灵异之府”。传说秦始皇、汉武帝都曾来此求仙。这些活动，给崂山涂上一层神秘的色彩。

崂山是道教发祥地之一。自春秋时期起，崂山就云集一批长期从事养生修身的方士之流，明代志书曾载“吴王夫差尝登崂山得灵宝度人经”。到战国后期，崂山已成为享誉国内的“东海仙山”。宋代初期，崂山道士刘若拙被宋太祖敕

崂山太清宫

崂山道教文化一景

封为“华盖真人”，崂山各庙宇则统属新创“华盖派”。金元以来，道教全真派兴起，崂山各庙宇纷纷皈依于“北七真”的各门派。成吉思汗敕封丘处机之后，崂山道教大兴。到了明代，崂山道教的“龙门派”中衍生三派，使教派总数达到10个，崂山及周边地区道教长盛不衰。至清代中期，道教宫观达近百处，对外遂有“九宫八观七十二庵”之说。这些宫观洞庵散落在崂山的峰谷崖壑间，香火鼎盛，从者云集，使崂山成为盛极一时的道教名山。

崂山道教音乐

道教音乐是中华道教文化的重要组成部分。崂山道乐则是道教音乐中独具特色的一大分支。2000多年来，由于不同时期不同文化层次人物的参与，崂山道乐不断丰富和完善，形成特色鲜明的风格，从功能和韵律风格上可分课韵、功韵、咒韵、庆韵、祭韵、逸韵六类。

昆嵛山

位于胶东半岛东端的昆嵛山，方圆百里。巍峨耸立，万仞钻天，峰峦绵延，林深谷幽，多有清泉飞瀑，遍布文物古迹。山中烟雾缭绕，霞光映照，另有洞天，九龙池九瀑飞挂，九泉相连；登顶观，一览众山小，沧海眼底收。早在北魏时期，史学家崔鸿就曾在《十六国春秋》里称昆嵛山为“海上诸山之祖”。昆嵛山为胶东半岛东部最高山，历来有“仙山之祖”美誉。

昆嵛山的名气不止来源于它美轮美奂的自然风光，还在于它深厚的文化氛围，这座海上仙山是一座道教名山。《齐乘》云：昆嵛山“秀拔为群山之冠”。金朝散大夫国称也称它为“异秀峭拔，为东方之冠”，并说神话里的海上三仙山——蓬莱、方丈、瀛洲就是由昆嵛山山脉延伸出来的。据《宁海州志》记载，隋唐以后，昆嵛山便寺观林立，洞庵毗连，香火缭绕，朝暮不断。神话里的麻姑大仙在此得道。金大定七年（1167），全真鼻祖王重阳从陕西

王阳明烟霞洞中聚徒进道

全真教教义

全真教教义受时代思潮影响，力主三教合一，以《道德经》《般若心经》《孝经》作为信徒必读经典。全真教认为修真养性是道士修炼的唯一正道，除情去欲，识心见性，使心地清静，才能返璞归真，正道成仙。全真教还规定道士必须出家住观，严守戒律，忍耻含垢，苦己利人。

咸阳到昆嵛山，聚徒（丘处机等北七真人）讲道于烟霞洞中，创立了全真教。

云雾缭绕的山川通都与宗教有着这样那样的联系，或有座佛寺，或有个道观，或于石壁之上镌刻个佛像，或在大江之滨耸立座佛塔，更不用说那流传了千百年之久的无数个美丽而带有浓厚宗教色彩的神话传说。这种种与宗教有关的东西，与山水紧密结合，构成了一幅幅天然图画，无疑给这些名山大川增添了美的色彩、美的情趣，也给千百万游客带来了更多的游兴和美的享受。

昆嵛山雪景

黄海风俗画

风俗像是一坛老酒，千百年的沉淀方显示其价值和香醇。黄海风俗这一坛老酒，因着时光，因着历史，因着世世代代的传承，而显得格外动人心弦。无论是一件件亲手缝制的服饰，还是一盘盘色香味俱全的佳肴；无论是一座座构造奇特的海洋民居，还是一场场欢歌笑语的海洋狂欢；无论是一则则世代相传的海上风俗，还是一座座与宗教密不可分的海上仙山，展现着的都是黄海的底蕴深厚的风土民情，勾勒出的都是一幅幅渔家牧歌的温馨图景。

黄海的每一块礁石都是故事，讲述着黄海对渔民的无私馈赠；黄海的每一朵浪花都是传说，传递着渔民对黄海的深沉情思；黄海的每一只海鸥都是见证人，见证着人海相依的美好情感。千百年来，祖先们在这块美丽的海洋之畔安居乐业，再将自己所拥有的伟大的精神财富从手中传递给下一代人，让那一幅黄海风情画永久地闪烁着生命的色泽。

刀鱼味饵面

从前钓鱼，通常以刀鱼切块为鱼饵，不知哪一年有一个人在收钩摘鱼时，看见鱼钩上有没被鱼吃掉的味饵，觉得抛弃了太可惜，于是便摘了下来放在一起带回家，用它来下面吃。谁知被海水浸泡过的刀鱼味饵，不腥不软，坚韧耐嚼，从此这种吃法便在黄海一带流行开来，渔村从此就有了刀鱼味饵面，人人视为美食。可惜的是，钓鱼作业已经停止了许多年，这种面也只能留在人们的记忆中了。

“加吉孩儿”

加吉鱼头中有一对很别致的骨头，与布艺结合在一起时可以制成一个可爱的娃娃，俗称“加吉孩儿”，是端午节荷包中最具渔村特色的一种，在黄海一带流传了很多年，以至于老一辈人要夸奖孩子可爱时都会说：“这孩子长得跟个加吉孩儿似的。”

古老的“搭便船”习俗

长岛县各海岛，很久以前就有搭便船的习俗。岛上的人临时渡海或者出远门，都可以搭渔船或是运输船过海。搭渔船的人不但乘船不需要付费，而且不论路途远近，船家还都免费提供饮食。

黄海 那些诗情画意

YELLOW SEA POETRY & ART

03

古老的传说讲述着人间的真情，多彩的艺术凝固了流动的时光，幽幽的墨香镌刻着千年的情思，朗朗的歌声唱出了渔家的欢乐。黄海，因着这些诗情画意而变得格外迷人。这些诗情画意，因着黄海而变得如此多娇。

世代相传的美丽传说

如同一条斑斓的五彩丝线，连缀着一代又一代人心灵深处；如同一个清脆的响铃，叮叮当当地摇晃着一个又一个的世纪。任岁月荏苒，时光悠悠，任沧海桑田，斗转星移，总会有一些传说可以穿透时光的风霜，闪烁出历久弥新的光泽。

那些流淌在黄海之畔的美丽传说，它们在老祖母祥和的皱纹里，在老祖父古老陈旧的烟斗里，在色彩斑斓的童话书里，在呼呼作响的腥咸海风里，在翻滚着拍打着礁石的细碎浪花里，在蓝天之上海鸥的低鸣里，在妈妈睡前的故事里，在每一个纯真善良的温柔心灵里……

刘公岛名称的由来

面对着悠悠黄海水，“海上桃源”刘公岛以其卓越的风姿吸引着一批又一批的游客前来旅游观光。这个岛屿郁郁葱葱，被种种植物覆盖，漫步其中，让人忘记疲惫和忧愁。

刘公岛

刘公岛博览园局部

关于“刘公岛”这个名称的由来，有着这样一段美丽的民间传说。

刘公刘母塑像

相传在数百年以前，有一条来自江南的商船，在海上行驶时忽然遇到了大风。狂风卷起巨浪，无情地扑向商船，船上的人们奋力地与风浪搏斗，祈望能找到一处可以躲避风浪的地方。然而，船正航行在大海之中，四周看不见陆地，也不见岛屿，到哪里去找可以避风的地方呢？人们失望了，纷纷祈祷苍天保佑。但祈祷无济于事，风越来越猛，浪越来越大，船在风浪中颠簸，一会儿被掀到浪峰之上，一会儿又被抛入浪谷之中……就这样，一天过去了，又一天过去了，风浪仍不见停息。船上的桅杆被风吹折了，舵也被浪打歪，船失去了控制，像一片树叶在海面上漂浮。船上的淡水用光了，食物也没有了，船夫们筋疲力尽，垂头丧气地倚在舱板上，任凭船只随波逐流。天色又渐渐地黑了，月亮还未升起，只见天海间漆黑一团，伸手不见五指，只有风浪依旧在夜幕中呼啸着。每个人的心里都弥漫着忧伤之情，以为这一次将难逃一劫。

突然，在绝望中，不知是谁惊叫一声：“看，前面有火光！”众人忙起身寻找，果然前方有一点微小的火光，在风浪中时隐时现。众人顿时精神抖擞，忘记了饥饿和疲劳，拼力将船向着火光划去。渐渐地，火光近了，隐隐约约地可以看出前方是一个岛屿，那火光就在岛上闪烁。船终于靠岸了，船夫们下船寻着火光走去，不一会儿，看见前面有一栋房屋，窗前亮着灯光。船夫们急忙上前敲门。片刻，门开了，一位老翁出现在门口。众人一边打躬作揖，一边诉说他们的遭遇，求老翁能施舍一些茶饭。

老翁爽快地答应，并唤出一位老媪出来与众人相见。众人随老两口进屋后，发现屋子虽不算宽敞，却十分古朴可亲。老翁一面安排众人歇息，一面吩咐老媪生火做饭。只见老媪从里屋挖出一碗米，洗好后倒进锅里。众人见了，心里嘀咕："区区一碗米，怎能解众人之饥？"船夫们虽然饥肠辘辘，却又难以启齿。不一会儿，饭熟了，老翁招呼大家吃饭。大家随吃随盛，饱餐一顿，锅里的饭却不见减少。众人心里暗暗称奇，但也不便询问。

饭后，船夫们感激不尽，向前拜谢道："救命之恩，永志不忘。不知此为何地，老丈贵姓？"老翁笑答道："此为刘家岛，老朽姓刘。"说罢，又取出一袋食物相赠，并送他们回船休息。

次日天明，风息浪小，红日高照。船夫们又上岛取水，寻遍全岛，却不见昨夜的那栋房屋，也不见老翁老媪的身影。但见岛上树木葱茏，鸟语花香。众人这才醒悟，皆曰："我们大福，遇到神仙了。"

后来，这条船再次经过这里。船夫们又上岛寻找，岛上依然是树木葱茏、鸟语花香，但仍不见老翁老媪和那栋房屋。为了纪念他们的救命之恩，众船夫集资在岛上修了一座刘公庙，庙内祀刘公刘母泥塑双像，以表示纪念之情。刘公庙建成后，来往的艄公船夫们每经此地，必上岛进庙祈祷。从此，刘公庙的名声越来越大，该岛也逐渐被称为刘公岛了。

成山矮松的传说

位于山东省荣成市龙须岛镇的成山头，三面环海，与韩国隔海相望。这里群峰苍翠连绵，大海浩瀚碧蓝，峭壁巍然，巨浪飞雪，气势恢宏，美不胜收，让人流连忘返。更因为秦朝时期始皇帝的巡游，给这里增添了不少有趣的传说。

据历史记载，早在秦朝，始皇就曾来此巡视，地处偏远边陲的成山，距离当时的皇都咸阳数千里，始皇为何而来，这就要从秦统一的历史说起。秦统一中国后，书同文，车同轨，将战国时各国宽狭不同之车轨，统一规定为宽6尺。同时以京城咸阳为中心，在全国修筑驰道。驰道“东穷燕齐，南极吴楚”，为秦始皇巡游提供了条件。

成山上长着许多松树。在秦始皇登临成山之前，这里的松树高大挺拔而茂密，而秦始皇要在这空阔的地方观日出，这些松树

成山头

必然妨碍他的视线，于是他便下令兵将砍树开道。可奇怪的是，松树越砍越多，越砍越密。当时秦始皇手下的徐福解释说：这是松树，松字左边为木，右边为公，那可是万木的老祖宗。秦始皇听罢大怒，非要士兵挥砍大刀，将松树斩草除根不可，于是松树再也不敢发芽了。好在秦始皇没说“断子绝孙”，松树便想出了“崩子成林”的法儿来延续后代，但是至今成山上的松树大都长得七零八落，又矮又小。据说现在松树干爆皮，也是当年秦始皇下令士兵砍的。

射鲛台

传说秦始皇手下方士徐福为讨始皇欢心，骗其说：“东海里有三座仙山，那里有长生不老之草。”秦始皇信以为真，拨给徐福三千童男童女及大量金银，让他寻找仙草。徐福找不到长生仙草，便又骗始皇：东海有一条大鲛保护仙草，阻挡在海面上，不能靠近仙草。始皇求药心切，遂召集优秀射手，赶到成山头，站在海边的一块大礁上箭射鲛鱼。这块礁石遂得名：射鲛台。

崂山道士

被称为“海上第一名山”的崂山，自古以来，就和道教结下了不解之缘。在中国短篇小说集《聊斋志异》中，“崂山道士”也占据一定的篇幅，留下了动人传说。

故事说崂山里住着一位仙人，人们都叫他崂山道士。崂山道士会许多凡人不会的法术。距崂山几百里路外的县城里，有个叫王七的人。王七从小就非常羡慕法术，听说崂山道士会许多法术，于是辞别家人，到崂山去寻仙。王七来到崂山，见到道士，交谈中，王七觉得那道士非常有本领，就恳求收他做徒弟。道士打量他一番说：“看你娇生惯养，恐怕吃不了苦。”王七再三请求，道士才答应下来。

崂山

夜里，王七望着窗外的月光，想到自己马上就要学到道术了，心里有说不出的高兴。第二天清晨，王七跑到师父那里去，满以为师父会开始传授道术，哪知师父给了他一把斧头，叫他跟着师兄们一起上山砍柴。王七心里很不高兴，但也只得听从吩咐。山上到处是荆棘乱石，没到太阳下山，王七的手上、脚上都磨起了血泡。

转眼一个月过去了，王七的手脚上渐渐磨出了老茧，他再也受不了整天砍柴割草的劳累，不由起了回家的念头。晚上，王七和师兄们一起回到道观，看见师父和两个客人正谈笑风生地饮酒。天已经黑了，屋子里还没有点灯。只见师父拿起一张白纸，剪成一个圆镜模样，往墙上一贴。一瞬间，那张纸竟像月亮一样放出光芒，照得满屋通明。这时，一位客人说："这么美妙的夜晚，如此欢乐的酒席，应该大家同乐一场。"道士拿起一壶酒递给徒弟们，叫他们尽情地喝。王七在一边暗暗思忖：我们这么多人，这一小壶酒，怎么够喝？大家将信将疑地拿起酒壶往碗里倒酒。倒来倒去，酒壶始终是满满的。王七心里很诧异。过了一会儿，另一个客人对道士说："虽有明月高照，可光喝酒也没意思，要是有人伴舞就好了。"道士笑着拿起一根筷子，对准白纸点了一下，忽见月光中走出一个一尺长短的女子。她一落地，就和普通人一样高大，苗条的腰身，洁白的肌肤，衣带飘扬，唱起歌来。一曲歌罢，女子凌空而起，竟跳上了桌子，正当大家惊慌失措时，她已还原成一根筷子。看

道士像

崂山道观

到这一切，王七目瞪口呆。这时一个客人说："我真高兴，可是得回去了。"于是道士和两个客人进了月亮。月亮渐渐暗了下去，徒弟们点上蜡烛，只见师父独自坐着，客人已不知去向，只有桌子上留着剩酒剩菜。王七称奇不已，暂时打消了回家的念头。

又过了一个月，师父还是不传授一点法术，王七实在熬不住了，就去找师父。见到师父，王七说："弟子远道而来，即使学不到长生不老的法术，您传给我一点别的小法术，也算是一个安慰。"王七见师父笑而不答，心中很着急，比画着说："现在每天早出晚归，打柴割草，徒弟在家哪吃过这样的苦呀。"师父笑说："我早就断定你不能吃苦，现在果然如此。明天一早你就回家去吧。"王七央求道："还求师父传我一点小本领，也算我没白来一趟。"师父问："你想学什么法术？"王七说："徒弟常见师父走路，墙壁都挡不住，就学这个好了。"师父笑着答应了，就叫王七随他来。他们来到一堵墙前，师父把过墙的咒语告诉王七，叫他自己念着。王七刚念完，师父用手一指，喊了一声"进墙去"。王七面对墙壁，两腿哆嗦，不敢上前。师父又喊："试试看，走进去。"王七走了几步又停下来，师父不高兴地说："低下头，往前闯。"王七硬着头皮往前奔，不知不觉就到墙的另一面了。王七高兴极了，赶紧拜谢师父。师父对他说："回家后要勤恳做人，否则法术是不会灵验的。"

王七回到家，对妻子夸口说："我遇到了神仙，学会了法术，连墙壁都挡不住我。"妻子不信，说世上哪有这样的事。王七于是念起咒语，朝墙奔去。只听"嘭"的一声响，王七脑袋撞到墙上，跌倒在地。妻子赶紧把他扶起来，只见他额头上隆起了一个大疙瘩。王七耷拉着脑袋，像泄了气的皮球。妻子又好气又好笑："世上就是有法术，像你这样两三个月也不能学会。"王七想起那天晚上，自己明明穿过了墙壁，于是怀疑道士捉弄自己，不由大骂了崂山道士一阵。自那以后，王七仍然是一个不学无术的人。

"老人家"的传说

在黄海之畔的山东蓬莱一带，有着崇拜鱼神鲸的信仰。在这一带，鲸被当地的渔民亲切地称为"老人家"，以此来表达当地渔民对鲸的尊敬之情。关于"老人家"，当地有着多种动人传说。

在山东长岛县北城隍岛，有一户姓刘的船主曾与"老人家"结下了不解之缘。一天，刘船主从安东往北城隍运送石灰。因为石灰吸入海水会发硬变沉，不小心就会沉船，所以一路上刘船主都惴惴不安，生怕出什么差错。天有不测风云，船一出安东，海面上就狂风大作，雾茫茫的海面上，什么都看不清楚。巨浪滔天，黑云密布，让人心中发寒，更让刘船主心中十分绝望。正在这个时候，他忽然发现无论海面上的风浪多么厉害，船里却不见一滴海水。全船的人都十分惊讶，不知道这是什么原因。正当大家疑惑的时候，忽然听到船主的小外

蓬莱一景

由于山东蓬莱的渔民称鲸鱼为“老人家”，因此渔船上各船工称呼姓氏前不得加“老”字，以免冲撞“老人家”。

甥大喊道：“舅舅，舅舅，船后面有两个‘老人家’。”大家忙聚集到那里低头去看，果然看到贴着船帮跟着两条大鲸。这两个“老人家”一直尾随直到船只安全靠岸才离开，用这种方式救了风雨中的这条船。刘船主万分感谢，逢人便说是“老人家”救了自己和大家的性命。

在民间传说中，百姓把鲸看成是龙王爷的保驾大臣，统率着海里的虾兵蟹将。每当虾兵蟹将过海的时候，威武的龙王坐在珊瑚车上，两边跟着四条大鲸。在渔汛期，鲸经常会在海面上追捕鱼群，所以渔民们认为，海上打鱼要是能碰上“老人家”就一定会有大量的鱼虾在周围，获得一个大丰收。这恰巧迎合了赵公明财神的民间信仰，所以渔民们也亲切地称“老人家”为“老赵”。

青岛石老人的传说

在青岛午山脚下临海断崖南侧，距岸百米处有一座17米高的石柱。这个石柱形如老人坐在碧波之中，人称“石老人”。老公公以手托腮，注目凝神，每天晨迎旭日，暮送晚霞，伴着潮起潮落，历尽沧桑，不知度过了多少岁月。这个由大自然鬼斧神工雕琢的艺术杰作，已成为石老人国家旅游度假区的重要标志，也是青岛著名的观光景点，有关这块奇石的传说也吸引着游人前来参观。

相传，石老人原是居住在午山脚下的一个勤劳善良的渔民，与聪明美丽的女儿相依为命，过着清贫却幸福的生活。然而，天有不测风云。有一天，女儿无意中被龙太子看上，强行抢进龙宫。可怜的老人日夜在海边呼唤，望眼欲穿，他不顾海水没膝，直盼得两鬓全白，腰弓背驼，仍执著地守候在海边。后来趁老人坐在水中拄腮凝神之际，龙王施展魔法，使老人身体渐渐僵化成石，便化成了如今的“石老人”。

姑娘得知父亲的消息后，痛不欲生，拼死冲出龙宫，向已变作石头的父亲奔去。她头上插戴的鲜花被海风吹落到岛上，扎根生长，从而使长门岩、大管岛长满野生耐冬花。当姑娘走近崂山时，龙王又施魔法，把姑娘化作一块巨礁，孤零零地定在海上。从此，父女俩只能隔海相望、永难相聚。后来，人们就把这块巨礁称为“女儿岛”。

这则传说充满让人感动的父慈女孝的人间真情，吸引着无数游人前来参观。千百年来，他们依旧隔着这一片海域遥遥相望。

蔚蓝黄海之滨的渔民，沿海而居，逝去的光阴中沉淀着他们独特的信仰，诗意的传说中透露出他们的美好心灵。千百年来，这些传承真善美、鞭挞假恶丑的美好动人的传说，仿佛一缕缕温馨的海风，轻轻地吹拂、亲吻着黄海的面颊。

石老人的传说

石老人

以海为名——海风吹来的黄海艺术

海风吹来遥远的渔歌，带着蓝色的属于海洋的气息；烟波托起水墨丹青，描绘着神秘的海洋的传说。礁石映衬历史的痕迹，在荧幕上被永久地书写定格，从古朴浑厚的先民石笔，到多姿多彩的现代艺术，以海为名，蓝色成为这些艺术永恒流动着的底色。

沿着黄海曲曲折折的海岸线走一圈，伸手去触摸涌动着蔚蓝的海洋绘画，静心去聆听弥漫着海味的交响之音，从阳光照耀的海滩一览黄海无穷无尽的魅力，再缓缓地回过头来，把视线投向银幕，追溯着当年这片海域发生的或动人或悲壮的传奇故事，感慨油然而生……

徐悲鸿《田横五百壮士图》

1928年，年轻的徐悲鸿从法国留学归来，回到了自己深深眷念着的故土，然而当时的中国正是民不聊生的黑暗时代。国内政局动荡，日寇的铁骑也在东北三省肆意践踏。徐悲鸿满怀悲愤之情，以画笔为剑，以一腔报国之情画出了巨作《田横五百壮士图》，用田横的故事来呼唤动乱时局里最需要的“富贵不能淫，贫贱不能移，威武不能屈”的大丈夫气概和英雄精神。

徐悲鸿

田横五百壮士的这段历史，是徐悲鸿自幼便熟悉和喜爱的。一群贵族草莽，一个荒凉不堪却又历史文化厚重的岛屿，一股豪情万丈的英雄气，这些是徐悲鸿创作这幅巨作的原始动力。他耗时两年创作的这幅油画，选取了田横和五百壮士诀别的场面，着重刻画了不屈的激情。

画中的主人公田横身着红袍，挺胸昂首，面容肃穆地拱手向岛上的壮士们告别。那双炯炯有神的眼睛里闪着凝重、坚毅、自信和视死如归的光芒，身后是嘶鸣着的亦做好启程准备的白马。壮士中白发老者沉默低首，似乎带着无限的忧伤；远处更多的勇士在表示愤怒和

徐悲鸿绘制的巨画《田横五百壮士图》

反对他的离去。一瘸腿老者，右手拄杖，左手微伸，嘴角嗫嚅，眼神中流露出依依不舍的神情，似在向田横做最后的劝说。执剑的壮士，双手似乎要将剑身攥折，无助和悲戚的目光射向画面之外，他们仿佛已感觉到这是最后的诀别。在画面中，一个少妇和一个老妪身拥着一个幼童昂首注视着田横，欲哭无泪的目光传递出的哀婉和凄伤莫不使观者为之动容，但他们的目光里也带着对田横无限的尊崇之情。远处天空湛蓝，白云垂暮，此情此景，让整幅画面呈现出了强烈的悲壮气氛。

风萧萧兮易水寒，壮士一去兮不复返。田横告别了这座小小岛屿，这座他为了兄弟百姓甘愿流民一生的岛屿，却再也没有机会回来，和五百壮士的魂魄一道，化为黄海烟波浩渺的海面上一声轻微而厚重的叹息。

高节慕义，铮铮铁骨，视死如归，即便是隔着久远的时间和空间，透过徐悲鸿的这幅巨作，我们仍能感受到一股迎面而来的英雄之气。

康建东《龙心岛——有感青岛的古老传说》

青波涟涟奏乐韵，岛歌漫漫唱心弦。青岛，这个黄海最为珍爱的女儿，好似黄海向中国乃至世界捧出的一颗明珠，带着夺目的光辉，带着迷人的色泽，带着古老的传说，款款走进音乐家的乐谱中，走到演奏者的琴弦上，走进弥漫在空气中的迷人音韵里。

康建东

在康建东的音乐里，充满着对胶东风情的不懈探索。黄海之畔的青岛，以它瑰丽的风景和深邃的内涵给予了康建东创作的灵感，这个城市在令人心潮澎湃的旋律中，在音乐家指挥棒的激情舞动中，也变得格外多情和生动起来。

乐曲《龙心岛——有感青岛的古老传说》以著名的石老人传说为蓝本，透过龙王小女儿琴女与青年渔夫的爱情悲剧，艺术化地升华了这个古老的传说。婉转起伏的乐韵中又别具慧心地加入了笛子和古筝这两种中国传统乐器，用以代表故事中渔夫和琴女的形象，由传统的奏鸣曲式搭建起整篇乐章的框架，在生动朴实的音乐语言中，悠远的传说带着古老的氛围如泣如诉娓娓道来，似乎在我们眼前展现了千百年前相依相守的爱情故事，倾听着发生在神秘黄海里的恋人絮语。

2010年11月27日晚，青岛人民会堂音乐厅华彩飘扬，迎来一场音乐的盛宴，康建东的《龙心岛——有感青岛的古老传说》在这里首次亮相。这部以青岛本土传说石老人作为创作蓝本的交响乐作品，叩响了每一个观众的心弦，让他们沉浸在山与海的瑰丽传奇中。

《龙心岛——有感青岛的古老传说》演奏现场

《龙心岛——有感青岛的古老传说》演奏现场

大海扬波作和声——《甲午风云》

站在黄海之畔，从这片如今宁静而祥和的蔚蓝之上拨开历史厚重的迷雾，眼前仿佛出现了当年弥漫在海上的战火硝烟，让这整片海域和上方的天空都瞬间变得悲壮与苍凉起来。

1894年，蓄谋侵华已久的日本帝国在中国领海内肆意挑衅、制造事端。日寇击沉中国商船，以"致远"号管带邓世昌为代表的爱国官兵和威海百姓，坚决要求对日作战，但邓世昌的两次请战均遭李鸿章拒绝。日寇不宣而战，民愤四起，李鸿章被迫起用邓世昌。海上生起了滚滚浓雾，一曲民族的血泪之歌即将奏启，一场举世闻名的海上大战即将响彻黄海。

海上硝烟弥漫，战火轰隆，邓世昌率领将士与日寇英勇作战，势如破竹。邓世昌率领"致远"号官兵英勇战斗，击中日军旗舰"吉野"号。最后因子弹已绝，邓世昌决定撞沉敌舰"吉野"号，但不幸被炮弹击中引发机舱爆炸，全舰官兵以身殉国，葬身在苍茫黄海深处。

几十年后，当这段历史渐渐远去，一部名叫《甲午风云》的电影出现在了银幕上，将过往的瞬间凝固成了永恒。当时的画面在我们如今的眼里可能过于粗糙，制作也

邓世昌雕像

不够精良，但那海洋上的浩然正气，海洋上的英雄无畏，足以震撼我们每一代人的心灵。

《甲午风云》剧照

影片《甲午风云》中邓世昌求战不成回到屋中自弹琵琶，使人心中油然想起岳飞的那句“欲将心事付瑶琴，知音少，弦断有谁听？”《十面埋伏》的琵琶声高昂激烈，结尾处戛然而止把琴弦弹断，更是体现了英雄人物报国无门、壮志难酬的悲愤之情。电影结尾处“撞沉吉野”的怒吼声更是响彻黄海上空，那种大义凛然视死如归的精神，无论事隔多久，都会燃烧起每个华夏儿女心底最强烈的爱国情感。

一段原本悲壮的海战史，在银幕上被塑造成了格外动人心弦的艺术经典。著名艺术家李默然饰演的邓世昌，更是形神兼备，把民族英雄邓世昌的风骨鲜明生动地呈现于银幕并永远地留在了观众的心中，成为中国银幕上别具一格的“硬汉”标本。

邓世昌纪念馆

中国甲午战争博物馆

那曲发生在黄海海面上的悲壮之歌已经渐渐远去，影片上气吞山河的爱国之情却永世长留。枕着黄海的滚滚涛声入睡，似乎还有壮士的英魂，连同祖国的大好河山一同入梦，交织着荡气回肠的爱恨，讴歌着壮烈的情怀，呼唤着世界海面的永久和平。

滚滚潮声冲刷着岁月的痕迹，悠悠海浪拍打着时光的海岸，流逝的光阴带走历史的故事，唯有艺术能让一切定格成永恒。人类对大海的第一声歌唱，将海洋的万般声响发挥得淋漓尽致；镜头对海洋的第一次捕捉，让银幕上都涌动着蔚蓝的色彩，或者还有那绘画，那雕像，那文字，形形色色，多种多样，给予我们一个神秘而美丽的黄海……

“仁义犬忠”——邓世昌和他的太阳犬

邓世昌入海后，他的爱犬急不可待地扑入海中，紧紧衔住邓世昌的衣服不让他下沉。邓世昌想赶走爱犬，就向它挥拳。狗松开邓世昌的衣服，然而就在邓世昌转身沉海的片刻，狗又紧紧咬住他漂浮在海面上的辫子，还发出“呜——呜——”的声音，仿佛哀求邓世昌上岸。

一只狗与他的主人，在激烈的海战后，就这样僵持在100多年前中国的黄海海面上……已经抱定“阖船俱没，义不独生”信念的邓世昌，摆脱不了爱犬的纠缠。最后，他做出了非本意的举动：抱住爱犬的头，与其一起沉入大海。

后来，人们打捞起邓世昌的尸体，据说，他的爱犬紧紧咬着他发辫，至死没有松开……

海唱风吟——文学作品中的黄海海洋文化

翻开文学书籍，散若珍珠的海洋文学展示了一个民族丰富而充盈的精神世界，每页文字中都散发着浪漫的属于海洋的气息。千百年来，多少文人才子在黄海海畔定居落户，对着这一片蔚蓝书写一片冰心，万般情怀；多少诗情画意在浩渺海波中沉沉浮浮，吟唱着海浪的青春与时光。无论是烟波浩渺的海上传说，还是人神相恋的浪漫故事；无论是上下求索的探险奇迹，还是人海相依的精神之歌，黄海都以其千娇百媚的形象，在笔尖留存，化为一抹永久不散的书香。

李汝珍《镜花缘》

缥缈氤氲的海外仙山，云雾缭绕的世外仙境，也许只有阅读那些描写海外奇遇的小说时，我们才能由衷地为海洋的神秘莫测而折服，才能任想象高飞，让思绪流转在那美好动人的神话里。

李汝珍的《镜花缘》便以细腻的笔触，给我们营造了这样一个充满着神秘魅力的海外奇境。大千世界，百态人生，都凝聚在黄海一带的海外奇遇中。

《镜花缘》的故事，描写的是天上百位花神获遣降落凡尘的经历。书中通过唐敖、林之洋、多九公等漂洋泛海，见识了海外许多离奇的国度、异人怪事、仙兽神鸟……从而借物言志，针砭时弊。书中还以相当大的篇幅，记叙了当时的文学艺术、科学知识、娱乐活动、医卜星相的情况。这部清代百回长篇小说，是一部与《西游记》、《封神榜》、《聊斋志异》同辉璀璨、带有浓厚神话色彩、浪漫幻想迷离的中国古典长篇小说。李汝珍以其神幻诙谐的创作手法数经据典，奇妙地勾画出一幅绚丽斑斓的天轮彩图。

李汝珍（约1763—约1830），字松石，号松石道人。汉族，直隶大兴（今属北京市）人，所以人称“北平子”。博学多才，精通文学、音韵等，留存现世最出名的作品就是《镜花缘》。

根据《镜花缘》故事建造的景点

女儿国景点

翻阅作者的生平资料，我们可以看到，李汝珍的大半生都是在黄海畔的城市海州度过的。黄海的变幻莫测，云台山的山光水色，当地独特的风土人情和语言，都给他留下了极其深刻的印象，也成为他日后创作《镜花缘》的素材。在云台山的南麓，有一个叫做东磊的地方，这个地方如今已经成为一个非常著名的游览区。经专家学者研究，认为东磊是《镜花缘》这部作品的蓝本地。《镜花缘》所描述的奇山异水秀丽风光，都可以在黄海之畔这个叫东磊的地方找到对应。在李汝珍的《镜花缘》中把“小蓬莱”描绘成从人间飞升天庭的必由门户，而在东磊延福观庙后的竹林中，至今还留有古代“小蓬莱”摩崖石刻，李汝珍在书中描写的“小蓬莱”在大海上，有舟船相通，松林密布，溪涧深邃，景观与东磊极为相似。除此之外，书中还提到了海州葛藤粉、石榴花等，这些东西至今仍是这一带的名特产。如今的东磊，因得《镜花缘》里所描绘的秀丽风光和淳朴民风而吸引着无数文学爱好者前来观赏游览，在被美景感染的同时，也被蕴藏在其中的中国传统文化因子深深地打动着。

一片冰心在烟台

冰心

烟台，黄海畔的明珠城市，曾给予无数人以海风的哺育和海浪的喂养。1903年到1911年的时光中，它给了一个人一段温馨的童年岁月。当冰心，这位心灵细腻、笔触柔美的作家幼年时在烟台停留，黄海的风浪给她安慰，烟台的灯火为她记挂。人生岁月中，这段时光也许太过匆忙，但却永远镌刻在冰心的心中。那么，就让我们翻开黄海这本碧波荡漾的大书，去看一看，属于冰心的烟台记忆。

冰心的文章，如一股轻柔恬静的风，字字句句都带着婉丽清新的气息。自然，童心，母爱，大海是她歌咏不尽的创作母题。冰心的妙笔描绘过繁星，勾画过春水，也曾抚摸过无数颗童心。但在《忆烟台》、《烟台的海》、《童年杂忆》这样的文章里，人们感受到的却是烟台的脉动，有风的吟唱，有海的舞蹈。那赫然的烟台生活，那辽远的黄海波浪，给予了冰心一个美好纯净而又丰富多彩的童年。不难想象，幼年的冰心漫步在海滩上，做着孩提时纯粹而玲珑的梦。或许，烟台这片海不能称得上是绝色，正如她写到过的："整年整月所看到的：只是青郁的山，无边的海，蓝衣的水兵，灰白的军舰。所听见的，只是：山风，海涛，嘹亮的口号，清晨深夜的喇叭"。但就是这些看似寻常的景物，给了她最初的启蒙，陶冶了她柔和宽容的胸襟，练就了她婉丽清新的笔触。烟台的海，如同一片梦想的摇篮，给予了一个女孩美好纯净的人生底色。

在烟台，除了近在身侧的黄海，冰心也开始进入文学的海洋中，《三国演义》、《水浒传》等中国古典文学，《大卫·科波菲尔》等外国名著被冰心一一捧读。在文学的海洋里，她自由驰骋，为着书中的人物牵心，汲取着文学的力量。自然的海和文学的海，让烟台不单是她童年成长的故乡，更成为她精神的故乡。

然而，烟台的海却并不只是以轻柔的抚慰存在冰心的心中，在一个夏日黄昏，冰心与父亲在海边散步，幼小的冰心被黄昏的景色深深吸引，不由得赞叹烟台海滨的美，她请父亲做评价。父亲却以一种少见的沉重告诉她："中国北方海岸好看的港湾多的是，何止一个烟台？你没有去过就是了。""比如威海卫，大连湾，青岛，都是很美很美的……"小冰心听到这里，要求父亲带他去看一看，父亲说："那些港口现在都不是我们中国人的，威海卫是英国人的，大连是日本人的，青岛是德国人的，只有，只有烟台是我们的，我们中国人自己的一个不冻港！"父亲的话里有着冰心不能懂的凄凉。然而，父亲的这些话却给了冰心一点灵醒，她稚嫩的心灵，第一次感受到了一种宏大的民族沧桑。

多少年之后，这位曾经用稚嫩的双脚漫步在烟台海滨的女孩，成了鬓发洁白的世纪老人，烟台的海屡屡越过时间的篱墙，浸染到她的梦境中来。“烟台是我灵魂的故乡，我对烟台的眷恋是无限的。”“一提起烟台，我的回忆和感想就从四方八面涌来……”冰心多次这样动情地写道。那片海的美丽，那座城的记忆，让她陶然如醉。隐约间，除了烟台的海之外，另一种人生记忆也在她的晚年折磨着这位老人。冰心的父亲是一位爱国海军军官，参加过甲午海战，也曾给冰心讲过战争的悲惨场面。对海的爱恋，对父亲的敬佩，冰心曾打算写一部名为《甲午战争》的书，但每次提笔，她必定因愤恨这份国耻而痛哭不止。

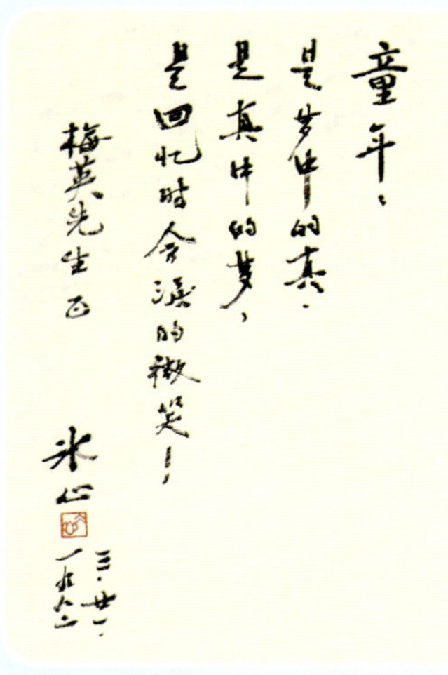

冰心的书法作品

这场让国家蒙羞，让黄海耻辱的战争，也在这位老人的心中留下了深刻的伤疤，注定无法抹去。《甲午战争》一书最终未能完成，但从这位文坛老人在弥留之际对甲午海战一直牵挂无法释怀的情形中，我们能看到一颗玲珑剔透的赤子之心。这个民族的伤痕经历了多少的风吹雨打，是不能被遗忘的，后世，更应该在伤痕中受到鞭策和激励……

时光在悄然变迁，而烟台也在日新月异着，在冰心的文字中，我们能触摸到一个辑录着寻常人生命记忆的人生的海，我们也总能聆听到一个忍受过国恨家仇的民族的海。烟台的海，冰心的海，在一位女性那清秀纤弱的字迹中更增添了一份温婉多情的色彩。

烟台的海

邓刚《迷人的海》

看着一望无际安详平静的海面时，可会有人想着这片海也会卷起风雨，呈现出让人敬畏的巨大力量，也会一瞬间风起云涌，翻卷出万丈的波涛。然而，即使在这电闪雷鸣的万丈波涛里，依旧有着这样一群古铜色皮肤的硬汉，他们以自己的英勇无畏，以自己的排除万难，给这片海留下了扣人心弦的传奇故事。邓刚的作品《迷人的海》，就向我们展现了这样一幅英雄图景。

邓刚漫画像

“风停止了吹拂，浪停止了波动，鸟不语，山无声，老海碰子屏住了呼吸——一切都在庄严地等待着。”一切都在庄严地等待着，这是《迷人的海》中所描绘的图景。在大连的海边，有一种叫做“海碰子”的行当：身强力壮古铜色皮肤的水手，穿着橡皮鸭蹼，拿着锋利的鱼枪，潜到冰冷的海底，在神秘莫测、犬牙交错的暗礁丛中捕捉海参、鲍鱼、黑鱼等海洋奇珍。这些人大多是海边的捕捞高手，身怀绝技，在流动翻滚着的海水里出生入死，可以在海底睁着眼睛捕鱼捉虾。这是一种十分危险的海底作业，丛生的礁石会给他们带来很大的危险，让他们头破血流甚至有可能命丧海底。危险的鱼类有时也会悄无声息地逼近，在暗处给予致命一击。更有翻卷的水流随时都在考验一个人的体力，摧毁一个人的意志。然而，在那个特殊的时代，为了养家糊口，为了解决温饱问题，还是有一批批的年轻人在夏、秋两季潜入海底，捕捞海底的鱼类或是水产品，化身为海上硬汉，在黄海的碧波万顷里出生入死。

邓刚的作品《迷人的海》里就描写了一老一小两个“海碰子”。他们从事的是这样一种行当：凭一口气潜入海水的深处，捕捉海珍。这是辛苦的，要在冰冷的海水里浸泡，然后爬上岸来，点燃事先准备好的柴草堆，让冻僵的身体在几尺高的火苗堆上反复烧烤，再跳进冰冷的海水中去。这也是危险的，海面不时有风暴，海下有刀锋箭镞般的暗礁，而且还有着凶狠的狼牙鳝和鲨鱼……海碰子，那是将生命抛进大海碰大运的人。

老海碰子身形魁梧，有岩石般坚硬的骨架、牛筋般扭紧的肌肉、伤痕累累的身躯、富有弹性的皮肤，那是五六十年来他在冰冷的海水里和灼烫的火烟中锻炼出来的。关于他，流传着一些传奇式的故事，在这一带享有盛名。而小海碰子看样子不到20岁，几乎还是个孩子。翘起的鼻头和红嘟嘟的小嘴，脸蛋上还毛茸茸的，像一个注满汁水的小香瓜。他只是一个初出茅庐的小家伙。

作家邓刚给文学爱好者签名

《迷人的海》是在这两个海碰子的关系上展开的两代人的心灵抨击和融合。这一老一小两个海碰子，在一个共同的追求下，有了血肉的联系和通过生死考验的情谊。他们并肩战斗在浪涛滚滚的大海中，共同唱响了一曲嘹亮而雄壮的赞歌。海洋美丽、温柔，但它又是狂暴的、呼啸的，正因为如此，海洋才更显得迷人。在邓刚的笔下，那片蔚蓝的黄海海域和一老一小两个海碰子的心灵一样，如此纯净无瑕，闪烁着浪漫和纯净的光辉。

漫步在海洋文学的金色沙滩上，时而会看到风平浪静天高云淡的祥和海面，时而又会有狂风卷起巨浪拍打着海岸的礁石。这里有一批批船扬帆远航，追寻着海外的动人传说；也有一批批人在黄海的怀抱中幸福成长，再把对黄海的一腔热爱转化成文字，犹如繁星灯塔一样，在黄海上空亘古照耀。海上的燃情岁月，海上的浪漫爱情，海上的传奇故事，海上的英雄史歌，都化成一缕墨香，悠悠地沉淀在岁月里。

迷人的海底

浪里歌飞——黄海渔歌

海风送爽，百舸争流，激流中几近呐喊之声的劳动号子吼起来；夕阳西下，归舟缓缓，平缓中显见柔情的渔歌小调唱起来。滚滚白浪里，是谁吟唱出了第一首渔歌，滔滔海水处，又是谁写下了第一支曲调，这些我们已经无从得知。然而我们知道，这些古老而悠远的旋律唱出的是渔民们丰收劳动的幸福喜悦，是渔家姑娘思恋爱人的悲伤忧愁，是渔家生活的欢快艰辛。渔歌唱晚，响彻黄海之滨，每一声都是深切的情意，每一句都悦耳动听，串串音符在黄海海面上肆意飞扬。这种原始的劳动之歌，这种发自渔民心底又带着咸腥味的渔歌，化身为渔歌号子，在黄海的上空飘荡回旋。

黄海世代相传的渔歌是广大渔民用富有音乐性的语言形式，反映自己生产生活、海洋环境、风土人情的一个窗口。其体裁之多样、内容之广泛，好似海滩上的彩贝，五彩斑斓美不胜收。在金色的港湾里和茫茫的大海中，哪里有渔业捕捞，哪里就有高亢激昂或清澈明亮的渔歌号子，可谓是“有劳皆号，无处不歌”。黄海的渔民号子，是比较完整和具有代表性的，从拔锚、起篷、摇橹、张网到拉网都有各种各样的劳动号子。想象一下，或是在远洋深海中，遇上惊涛拍岸、巨浪滔天的场景，渔民们一唱众和，高唱号子与大自然搏斗，是一幅多么雄伟壮丽的劳动图景；或是在返航归家之时，渔民的船上满载胜利果实，驾驶着风帆，行进在波光粼粼的碧海之上，那时唱起的渔歌轻松欢快又仿佛是一曲庆祝胜利的凯歌。渔家号子有时是一种粗放豪迈的音律，像叫喊，似吆喝，雄壮，激昂；有时又是一种委婉动听的小调，如自吟自唱，轻快，悦耳。这渔民号子，伴随劳动节奏的快慢和强度的大小，荡漾在漫长的海边，回响在空茫的海上。

溜网号

在渔船下海之前，渔民会成群结队地聚集在海岸上整理渔网。一个渔民带头唱起了歌，其余的渔民便会跟着唱和起来，这种在岸上整理渔网时所唱的歌就是“溜网号”。

参与整网的人通常很多，劳动强度不大，但人人都要非常细心，免得把渔网弄坏弄乱，因此“溜网号”的调子通常是舒缓平稳的，调子中透露出一股愉快的气息，听上几句便可以在脑海中形成一幅愉快祥和的渔家生活场景。

整理渔网的渔民

唱着号子拉纤的渔民

拉锚号

渔船起锚出海的时候，黄海的渔民也会清理嗓门唱出号子。一般渔船都有两只锚，即前锚和后锚，体积比较大的船通常有四只锚。船只靠岸停泊时把锚投到水里，叫做“抛锚立根”。船只在行进过程中遇到大风大浪的时候，可以抛下后锚，拖锚航行。锚通常有大小之分，因此“拉锚号”也被分成“大锚号”和“小锚号”两种。

“大锚号”沉重平稳，仿佛航行在风平浪静的海面上的巨大船只；“小锚号”轻松欢快，仿佛是小船穿梭在水流哗哗的山水田间。两种号子相互穿插变换，时而大号，粗犷浑厚，如海涛翻滚；时而小号，委婉动听，如浪花跳跃。渔场上顿时热闹非凡，像一个号子的赛场，更像拉歌似的，你来我往，歌声久久萦绕。每一位渔民既是号子的歌者，又是号子的欣赏者。“拉锚号”响起来的时候，渔民心里激发出的是一股劳动的干劲，更是一种对海的热情。他们身上流淌的是海水一样咸咸的血液，吆喝的时候，这种海水般的血液已倾注于海里，将大海的豪迈洒脱甚而粗野统统融化在劳作之中。

摇橹号

“摇橹号”是黄海渔歌中最值得大书特书的渔家号子，是渔家最常用的一种号子。摇橹出海时风平浪静，随摇橹大推大拉的动作唱起此号，一唱一和，节奏缓慢深沉，平静安详。渔船上摇大橹，一般由两个人一俯一仰相互配合，因为摇橹的时间通常很长，所以“摇橹号”唱的内容十分丰富多彩：有的唱各种戏文名，有的唱十二月花名，形形色色、多种多样。在号子的催动下，十几只橹翻动摇摆，渔船徐徐行动，向着远方的天水茫茫处前进。这时候，号子最能鼓舞人的情绪。当年的老渔民就说过：“两条船卡起角来，摇橹号才真带劲。”

“摇橹号”，体现的是一种力量的聚集、一种激情的昂扬、一种步伐的统一。过去那种无动力的渔船，许多海上作业的工序得依靠集体手工操作，劳动强度异常繁重，需要步调一致，形成合力。聪慧的渔民们在劳作的过程中逐渐积累了经验，逐渐以吆喝号子来调节劳动情绪，统一众人行动。“摇橹号”，不仅激发了渔民们的干劲，也在劳动过程中统一了号令、统一了动作、统一了步调，成为渔民日常劳动中不可缺少的一部分。

渔民唱“号子”，俗称“打号”、“叫号”、“喊号”。带头唱号叫做“领号”，应声齐唱的叫做“应号”。领唱的人叫做“号头”，由谁来担任“号头”没有特别的规定，这不是一个职务也没有什么报酬，是在劳动生产中自然产生出来的。好的“号头”，在船上和陆地上也都很有名，对于整个劳动号子的作用是非常巨大的。

作为一种反映渔家生活图景的艺术形式，黄海渔歌在世世代代的传唱中，逐渐形成了自己的鲜明特色。自由随意的诗歌形式使得黄海渔歌表达起来不受约束自由自在，也显露出了黄海渔民自由豪爽的性格特征；率真的歌词内容，更是与实际的海上生活紧密相连，丝毫没有矫揉造作的姿态。渔家人织网时、出海时、摇橹时、扬帆时、上网时、捞鱼时，都会唱起各式各样率真质朴的渔家号子。不同的音调、不同的旋律，唱的是同样的美好生活、同样的勤劳勇敢。这些一身都呈古铜色的渔民，长年累月飘荡在海上，摇的是千年的橹，升的是千年的帆。辛酸中有热情，有希冀；劳累中有豪爽，有深情。用简单的音节配合着劳动的节奏，谱写出一首首富含海洋气息的号子，年复一年地唱响在岸上、海边和渔场上。这些音调交织在一起，形成了一首荡气回肠的渔家交响乐。

诗情画意的黄海文化

一幅幅熠熠生辉的画卷，一串串悦耳动听的音符，一页页油墨飘香的纸张，一幕幕惊心动魄的影像，在黄海的文化浪潮里泛舟，寻找一次艺术的邂逅，聆听一场黄海的心跳。翻卷着的浪花是说不尽的想象，延绵万里的沙丘是写不完的心语。这一片海域，还有无数的奇珍等着我们捕捞，这一片汪洋，还有无数的宝藏等着我们去开启。

再多的笔墨也难以描尽黄海那别样的风姿，再多的语言在鬼斧神工的大自然面前也显得无力和苍白，形形色色的海洋艺术折射出来的或许只是黄海那万丈光芒中的一缕。然而，正是透过这样一个小小的窗口，黄海向我们展现了她的神秘莫测，让多少文人墨客更加勤勉地书写关于黄海的宏伟篇章，又让多少绘画大师将心中的黄海付诸笔端悬挂在艺术长廊之上。轻轻地闭上眼睛，让我们再一次触摸那黄海独具的诗情画意。

“元神”海龟

在辽东半岛一带，渔民们自古以来就把海龟视作海神，称其为“元神”。俗话说“千年的王八万年的龟”，在中国传统文化里，龟一直是长命百岁的象征。古人传言海龟善于变化，会给人带来祸福，渔民都对海龟小心翼翼，生怕得罪了它。船下锚前，船长都会高喊一声，片刻之后再下锚，就是为了防止不小心伤到了海龟。如果渔民在捕捞时不小心捕捞到了海龟，一定会虔诚地将其放回大海并且念念有词请求宽恕。

蓬莱传说

相传蓬莱作为神山的名字在秦始皇之前就流传开了。秦始皇东巡时曾来过胶东，过黄陲，到成山，登芝罘。从前在登州府署内，有一块秦朝丞相李斯手书的刻石。相传是李斯陪始皇东巡路经蓬莱时写的。秦始皇忽然在波浪中发现一片红色，便问身边的方士：“那是什么？”方士回答说是仙岛。始皇又问：“仙岛叫什么名字?”方士仓促之间，无法应答，突然见水中海草随波漂动，灵机一动，用草名答道：“那叫蓬莱。”蓬莱由此得名。

“拼命号子”

在荣成沿海，渔民称紧张劳动时唱的号子叫做“拼命号子”，如下挂子网时的“打橛号子”。下挂子网时不能有半点犹豫，必须一下子打进，一下打不进就会将橛绳割断，木橛随之作废。因此，进行此作业时的号子，紧张得让人喘不过气来。

黄海

那些辉煌灿烂

YELLOW SEA GLORIES

04

几番东渡，泛万顷惊涛谱千秋史话；古老港口，迎千只归鸟送万丈霞光。万丈碧波里扬起远航的风帆，繁忙的港口中商船络绎不绝，黄海之畔燃起了救亡图存的星星之火。这一片海域，曾升腾起日月星辰，曾传承过万邦友谊，也曾散播着华夏文明。道不完的沧桑史话，说不尽的灿烂辉煌；那些属于黄海的光辉岁月，以自己独特的风姿在历史长河中留下了不可磨灭的记忆，也书写出了永不褪去的希望……

东渡扶桑始徐福

远眺黄海，云烟缭绕，雾霭袅袅，升腾起一片祥和瑞气，仿佛世外仙境般令人心旷神怡。有时还会有难得一见的海市蜃楼奇景出现：云海之间，山川人物时隐时现，车马冠盖，栩栩如生，蔚为壮观。这本是自然现象形成的海市蜃楼，在一些为了迎合秦始皇寻仙心思的方士嘴里被描绘成了传说中的海上仙境。一个叫做徐福的方士对秦始皇称海中有三神山，名曰蓬莱、方丈、瀛洲，仙人居之。由此，一段传奇的历史从这云烟缥缈的海上拉开了序幕。

徐福雕像

沧海横流，东渡扶桑

2000多年前，秦始皇当政时期，黄海沿海一带有这样一位传奇人物。他博学多才，上知天文下知地理，通晓医学、航海等各种知识；不但如此，他还同情百姓、乐于助人，在黄海沿海一带民众中名望颇高。他就是曾率领数千人的庞大队伍下海东渡，既给历史增添了传奇色彩，又留下了千古之谜的方士徐福。如今的黄海之畔，依旧立着一块石碑，上刻“徐福东渡起航处”七个刚劲有力的大字。石碑静默无语，矗立在历史深处，仿佛一边在回首眺望那承载着悠悠历史的古老航线，一边又在翘首以待那光辉灿烂的未来。关于徐福东渡，古今中外众说纷纭，传说和记载层出不穷，其中也不乏引人瞩目的针锋相对。这些史书和传说如同多彩丝线，织出徐福东渡的非凡故事。

那是公元前219年（秦始皇二十八年），秦始皇第二次出巡，大队人马在泰山封禅刻石，又浩浩荡荡前往黄海。抵达海边之后，秦始皇登上了芝罘岛，纵情览胜。恰见云海之间，山川人物时隐时现，蔚为壮观。秦始皇不知道那是海市蜃楼，啧啧称叹，旁边的方士深谙秦始皇渴望长生不老的心理，赶忙趁机解释说，那就是传说中的海上仙境。方士徐福还乘机给秦始皇上书，说海中有蓬莱、方丈、瀛洲三座仙山，有仙人居住，可以得到长生仙药。

徐福东渡塑像

于是，秦始皇派遣徐福率领童男童女数千人出海寻药，东渡扶桑就此拉开了序幕。徐福带着童男童女出发之后，秦始皇满怀期待，在黄海畔一边纵情山水一边悉心等候。他哪里知道，仙山一说本就是无稽之谈，所以他这次等来的是徐福的空手而归。秦始皇心中不悦，要拿徐福问罪时，徐福解释道自己下海东渡，已经见到了海神，只是海神觉得礼物太薄，不肯给予仙药。

求仙心切的秦始皇听闻后深信不疑，立即增派了更多的童男童女以及工人、技师共4000余人，还带上了各种谷物种子，令徐福率领船队再次出海。徐福率众出海数年，在海上四处飘荡，还是没有找到那虚无缥缈的三神山和灵丹妙药，只得又一次空手而归。这一回，徐福推托说出海后碰到了巨大的鲛鱼，阻住了去路，无法远航，还煞有其事地让秦始皇增派射手对付鲛鱼。

秦始皇又一次应允了徐福，派遣射手射杀了一头大鱼。但是这一次，徐福带着浩浩荡荡的求仙团队出发之后，漂洋过海不知所踪，再也没有回来。秦始皇望穿秋水，但终究没能等到徐福归来，而他毕竟是一国之君，还有一大堆的国事要处理，于是启程返回咸阳。还没等回到咸阳，秦始皇便病死途中，他的求仙之旅就此画上了句号。但是，徐福的东渡征程并没有结束，而是化作神秘的传说，在黄海之上回旋飘荡，踪迹隐隐可循。

在历史长河之中溯流而上，徐福东渡的印记最早见于司马迁的《史记》。司马迁在《史记·淮南衡山列传》记载道：秦始皇三十七年（公元前210年），“始皇帝大说，遣振男女

司马迁雕像

三千人，资之五谷种种百工而行，徐福得平原广泽，止王不来”。按照这个说法，徐福东渡的终点是一个水草丰美、气候温暖、风光明媚、人们友善的地方。徐福心想，与其空手回去跟秦始皇编理由，还不如留在这儿自立为王。于是，他和他所带领的几千人在此结束了征程，安顿了下来，此后再也没有返回中国。那么，这个地方究竟是哪里呢？绝大多数历史学家都认为那是当时的日本，而且认为，徐福不仅最终定居在了日本，教给当地人农耕、捕鱼、捕鲸和沥纸的方法，他在旅途中还经过了韩国，在那里也留下了自己的足迹和华夏的文明。

传薪化民，恩泽万人

不管徐福东渡的终点究竟是哪里，经过2000多年时光的打磨，它俨然已经由单纯的海外航行经历演变成了一种文化现象，演变成为中、日、韩三个国家共同的文化财产。徐福东渡，使韩国、日本这两个曾经各自为政、互不往来的国家有了交流。比如说，近年来，在日本福冈县板付的考古遗址中发现的碳化米粒遗存，经^{14}C测定，发现这些米粒与在朝鲜半岛釜山金海地区发现的碳化米为同一类型。可不要小瞧这个发现，它说明在那一历史时期，日本

人民便已开始了农业生产，尤其是水稻种植，而正是由于稻米的传入，日本的渔猎生涯才告一段落。

随着徐福的登陆，日本不仅由渔猎时代跨入了农耕时代，它的整个面貌更是发生了翻天覆地的变化。且看吧，青铜器隆重登场了，铁制生产工具现身田野了；人们的身上穿上了华丽的丝织品，“笔”下流淌出了文字。徐福犹如光明使者一般，在日本大地之上，散播下稻作农耕、锻冶纺织、医药、古典文学等先秦文明的种子，令这片原本孤绝落后的土地绽放出勃勃生机。无怪乎徐福被称作中国文化向日本传播的第一人，还被日本人民尊为心目中的“农神”和“医神”。

既然徐福为日本脱离鸿蒙起了那么重要的作用，日本人自然也没有忘记他传播华夏文明的功绩。千百年来，徐福在日本一直被尊称为“农耕之神”“医药之神”“蚕桑之神”“航海之神”，且世代奉祭，香火不绝。直到现在，日本仍有诸多纪念徐福的遗迹，如日本纪伊半岛熊野浦，就有“徐福之丘”和“徐福宫”等；日本新宫有徐福墓，还有1071字的墓碑；新宫市内，更有制作和销售“徐福天台乌药”、“徐福寿司”、“徐福酒”等商品的；在

徐福东渡，至今仍有许多未解之谜：“方丈”、“瀛洲”果真是今天的“济州岛”和“琉球岛”吗？徐福在这两个地方都做了些什么呢？为了解开这些谜团，人们对徐福航海涉及的天文、地理、医药、宗教、冶炼、民族、人种、语言、哲学、民情、民俗等领域进行了深入的研究与考证，海内外如今已经成立了徐福研究会，有的人还干脆倡议建立“徐福学”。徐福一东渡，牵动后人多少思量。

徐福传说在日本

琅玡台

速玉神社内，陈列着据说是徐福用过的鞍、蹬等物；新宫蓬莱山内还有“徐福神龛”，被称为“徐福之宫”。一年一度的“御船祭”、“灯祭”等，都是祭祀徐福的活动。传说日本还有500年一度的“徐福大祭”。

“环瀛仰镜”，千古流芳

“环瀛仰镜”，四个魏体大字苍劲有力，赫然悬挂于徐福纪念馆主体建筑大殿门框上方。李瑞清这位晚清书画大师，用浑厚的笔触，书写出了普天之下所有人对徐福的敬意和仰望。大殿两旁还挂有一副楹联：“沧海横流东渡扶桑两万里显英雄本色，史书纵览上追华夏五千年真天地伟才”，人们对徐福的盛誉可见一斑。

说起徐福纪念馆的诞生，还要追溯到1982年。那一年中国地名普查时，发现江苏有个地方叫徐福村，工作人员顿觉有趣，难不成这里真是徐福的家乡？后来经过考证，徐福村还有可能真就是徐福故里。这一发现，重新调动了人们对于徐福研究的热情。徐福村北的徐福庙遗址之上，重新屹立起了一座徐福祠，作为徐福纪念馆。

徐福之行纪念祠——千童祠

坐落于江苏省的徐福纪念馆，门阙、院落、祠堂一应俱全。在这片2400平方米的纪念馆中，一尊徐福像傲然伫立，但见“他”身高两米六八，头上戴着高山冠，身上穿着大袂禅衣，手中握着竹简，目光坚毅，神态凝重，文质彬彬而又坚定不移，正如徐福背井离乡、乘风破浪时的义无反顾。

正是这种义无反顾，使徐福从始皇召见到建造楼船，从祭海启碇到济州转航，从传薪化民到羽化为神，使他得以泛舟万丈波涛，谱写千古史话，传递中日情谊。时至今日，这份情谊仍然散发着幽香。2002年，日本人羽田孜先生就曾专程来徐福村祭祖，为纪念徐福东渡，种下了象征中日友谊的银杏树，道出了“羽田家族之根来自中国，以前不是羽田，是秦，祖先是徐福”的肺腑之言，并且留下了“日中友好始祖徐福”的墨宝。徐福，无论是他的传奇，还是他的故居，俨然已经成为中日友好的纽带和象征。

徐福之行纪念祠——友谊堂

徐福墓碑

古港掠影

在历史长河中远远眺望，那出海远航的船只在港口的每一次停靠，无不带着岁月的光泽与痕迹。时光荏苒，一个个耳熟能详的古港，将悠悠往事从历史尘埃中唤醒，目送着磅礴海船，又迎接着游子归航。这一迎一送间，便是百年的雨雪、千年的风霜。如今的黄海古港，有的已经湮没在历史的深处，有的依旧在海浪声声中唱着远航之歌。

旅顺港

倘若在辽宁旅顺老铁山和山东蓬莱田横山之间画一条线，它便是黄海、渤海这两个好邻居之间的界限了，而这条线的北端，辽东半岛的最南端，坐落着一座港口，那就是旅顺港，重要的军港和海军基地。

旅顺港中最早出现水军的身影，还是在明朝的时候，但那时的它，并没有多么威风，即便到了清朝，它也基本上只是作为小型水师的屯泊所，并没有引起清政府的真正重视，始终没有发挥它国防基地这一潜质。清政府的海权观念，使得清政府有海无军、有海无防，鸦片战争的炮火一响，清政府便屡战屡败，割地赔款，丧权辱国。薄弱的海防，加剧了清朝的风

旅顺港

雨飘摇。面对此情此景，清政府中比较开明、有远见的大员，以及进步知识分子等有识之士纷纷提出“自强”的口号，强烈要求加强海防、筹建近代海军。这一号召不断酝酿，终于在1874年日本侵略台湾战争爆发之后，演变为一场海防大讨论。在这场争论之中，洋务派终于战胜了顽固派，促使清政府作出发展海军的决策。

旅顺港

要发展海军，自然需要先找个基地作为依托，经过详细的实地勘察和分析，参照当时西方国家选择海军基地的标准——“水深不冷，往来无阻，一也；山列屏障，可避台飓，二也；路连腹地，易运糗粮，三也；近山多石，可修船坞，四也；濒临大洋，便于操练，五也；地处海中，可扼要隘，六也”，清政府决定把旅顺口建设为军港。原因很简单，这几个条件，旅顺港样样符合：旅顺港处在黄金山和老虎尾山的环抱之中，这两座山既为它阻住了台风的侵袭，又为它提供了修建船坞的石材；它处在辽东半岛前端，紧邻东北这片盛产大米的土地，海军驻扎于此，不用担心断粮；它左手黄海，右手渤海，坐拥广阔的海军操练空间；它与山东省长山列岛和蓬莱角一道，扼住了渤海海峡的咽喉，正是海军基地的上佳之选。

旅顺港战略位置如此重要，自然被多方觊觎。甲午中日战争之后，旅顺港先是被日本占领；随后，沙俄联合德国、法国等帝国主义列强，佯作伸张正义加以干涉，日本被迫将旅顺港退还。但旅顺港的噩梦并没有就此结束，沙俄紧接着强行租借，这一“租”就是七年。日本一看不乐意了。1904年，为了争夺中国东北和朝鲜，日本和沙俄在中国东北的土地上展开了日俄战争。日本最终胜出，旅顺又落回日本手中，并被日本统治了足足40年。旅顺港的特殊地位决定了它的沦陷不止涉及它自己。就在七七事变前后，日军出动了大批的舰船，旅顺成了他们的海上基地，数万名日军士兵自此出发，攻城掠地。一时之间，华北广大地区沦于敌手，被日军控制的旅顺港，被迫成为日军的帮凶，蒙上了耻辱的面纱。

这一面纱，在1945年8月22日，终于掀起了半边，旅顺港从日本的铁蹄之下解放了出来。为什么是半边呢？因为旅顺港并没有完全恢复自由身，按照中苏签订的条约，它归中、苏两国共同使用。直到1955年5月31日，苏军全部撤离回国之后，笼罩在旅顺港上空的阴郁面纱才完全消除，旅顺港才重新露出笑颜，回归到祖国人民海军的怀抱。

芝罘岛

“一棵灵芝草，碧波水中摇”，歌里所唱的灵芝草正是芝罘岛。位于黄海之滨的这座岛屿，是一个典型的陆连岛，是烟台港湾的一道天然的防波堤。遥遥望去，芝罘岛如同一把雨伞收拢在浩渺烟波之上，又似一株灵芝仙草荡漾在万顷碧波之中，风姿翩翩。这株灵芝仙草自身也是景色如画：山之阳，树木葱茏，瓦舍片片，天光水色；山之阴，怪石嶙峋，崖壁陡峭，波涛澎湃。这儿的迷人风光，早在春秋时期就吸引了诸多英雄人物，齐景公、齐康公、秦皇汉武莫不登临此处，饱览美景。

既然作为防波堤，芝罘岛就不仅仅以其美丽吸引人的目光，它更是一座不容小觑的天然良港。早在春秋战国时期，芝罘就与碣石、句章、琅琊、会稽一起被称为五大港口，许许多多的商船货物从这里进进出出，促进了各民族与地区的沟通和发展。不过它并没有满足于这一成就，而是在历史长河之中，不断成长。在汉晋时代，它成为我国北方的最大口岸，每天迎来送往、熙熙攘攘，好不热闹繁华。到了唐朝，随着各港的竞相发展，芝罘港似乎地位有所下降，但始终保持着我国重要港口的地位。1961年，烟台开埠，芝罘随之重获新生，与海外的交往愈发频繁。

如今的芝罘岛，已经实现了从古老港口到现代化都市新区的嬗变，岛内幢幢建筑错落有致，渔船商船千帆竞发，这座古老的岛屿重新焕发出勃勃生机。

芝罘岛

琅琊文化陈列馆

琅琊港

早在春秋战国时期，琅琊港便是我国重要的交通枢纽和航运中心，位居彼时五大港口之首。如果说旅顺港是重要的军事港口，位于青岛胶南市的琅琊港则是双面玲珑，因为它既是重要的海防要地，又是重要的海运港湾。历史浪潮浮浮沉沉，这座古港也随之兴衰消长。唐代便已成为中国南、北方相通主要港口，宋代时成为山东与高丽通商的重要港口，宋朝官员出使高丽，便从琅琊港渡海。由于来往人数众多，这里还干脆建起了高丽馆，这些在《诸城县志・山川考》和《文昌杂录》中都有记载。到了元代的时候，南方所贡皇粮，无论通过漕运还是海运，都会经由琅琊港进贡到京都，琅琊港的显赫地位可见一斑。不过，月亮尚有阴晴圆缺，古港的命运更是如此。到了明代，琅琊港已经威风不再，由盛而衰，《诸城县志》记载道："自明罢海运，或梗于倭寇。"明朝的海禁政策，加上横行的倭寇，琅琊港纵然意气风发，也难以抵挡社会大潮的洪水之势。就这样，原本熙熙攘攘的商港之上，航船寥寥可数，琅琊港日渐退化，最终成为民间通商的小港口。

虽然琅琊港昔日的辉煌已经湮没在历史深处，但是通过遗留的古风古迹，琅琊港的荣光我们仍能瞻仰一二。秦朝时的方士徐福，就是在这里，率领着数千名童男童女，踏上了东渡征程。“徐福东渡起航处”旁边“古造船遗址”肃立，述说出秦始皇对东渡寄予的厚望，塑造出琅琊古港不朽的标志。如今的琅琊港，依旧古风犹存，折射出远古的文明。渔民们在琅琊港里捕鱼捞虾所使用的木头小船，除了安装着现代的发动机外，不论从形状还是造船工艺，都像是远古的遗存。每一条船上，都插着一根长着叶子的竹竿，高高地在海风中晃动，取自于古人“竹报平安”之意。港内的船儿随波起伏，荡漾着自然、舒展、动静有致的美，让人在此忘却世俗的喧嚣，洗却一身疲惫。

琅琊港一景

古老的海港里映出的是一段历史的变迁，是一场文化的风貌。船只来来去去，唯有海港千年万载立于海畔，在夕阳和晚霞中睡去，在霞光和晨曦中醒来。这些黄海之畔的古老港口，仿佛一双双从陆地注视海洋的温柔眼睛，无论是唱晚的渔舟还是远航的货船，都是这些港口馈赠给海洋的礼物。

如今的琅琊台景色

潮声来万井，山色映孤城

公元13世纪，意大利人马可·波罗历经千难万险，双脚终于踏上中国这块古老而又神奇的土地。他激动地在自己的游记里这样描述：“在城市和海岸的中间地带，有许多盐场，生产大量的盐。”

古老的盐城

这位西方探险家惊叹的地方就是中国的盐城所在地。古老的盐阜大地，沿海滩涂广阔，占全国滩涂面积的1/5。当年“烟火三百里，灶煎满天星”，浩瀚的大海、广阔的滩涂、茂密的盐蒿草，是盐民“煮海为盐”取之不竭的“粮仓”。《后汉书》有言“东楚有海盐之饶”，一个“饶”字道出了盐阜大地的产盐之盛。

而在唐之前的盐城，还只是“海中之洲，长百六十里，洲上有盐亭百二十三。”唐初泥沙淤海，洲方与大陆相连。

中国海盐博物馆内展示的海盐制作场景

据清乾隆十二年(1747年)纂修的《盐城县志》记载：“为民生利，乃城海上，环城皆盐场，故名盐城。”其实在公元411年之前，它不叫盐城，而叫盐渎。渎者，小河也；盐渎者，盐河也。因为盐河而有了盐渎县；因为是产盐的县城，建县之始，就设有盐铁官。当初，全国沿海有29个县，仅有盐城和堂邑设了盐铁官。在那时，盐铁之重，重于泰山。见之于史书的第一位县丞是孙坚，他是三国时吴王孙权的父亲。

由于两淮地区东临黄海，西连运河，南北广袤数百里，盐场二三十处，且水网交错，航行便利，自古以来便成为全国盐产量最大、销路最广的地区，同时也成为历代封建王朝借以立国的“财赋之源”。直到清代，盐城一直是海盐生产中心，乾隆时期“淮盐”产量达到全国海盐产量的1/2。至今，盐城仍然是我国重要的八大海盐生产基地之一。

海盐文化

“海盐文化”从本质上说，是一种开放式的地域文化。盐城，无疑是中国“海盐文化”的代表。从今天的地理位置上看，盐城处于江苏沿海中部，苏南有吴越文化，苏北有楚汉文化，盐城置身于南北文化的过渡带上，兼容并蓄。今天，从盐阜大地考古挖掘出的与盐有关的遗迹、文物达860多处(件)，这些是与盐有关的物质文化遗产；还有反映海盐文化的非物质遗产1200余种，让人目不暇接。从历史上盐民生产与生活的文化遗存中，我们能够触摸到先民的体温和气息。只要你细细打量中国的版图，就会发现，与盐相关的地名有10处，盐城和盐都就占了两个；而盐城沿海的乡镇地名大多为盐卤“浸泡”过的，灶、堰、冈、仓、团、盘、圩、滩、垛、荡等，成了海盐文化非物质遗产最为鲜活的符号。

微风细雨中，漫步在204国道——当年的范公堤，远眺大海东去，你对曾经在东台西溪当过盐官的范仲淹的“先天下之忧而忧”是不是有了更深刻的领悟？盐民出身的明代“泰州学派”创始人王艮“百姓日用即道”的哲学思想，就有着很深的海盐文化的烙印。清代盐民诗人吴嘉纪曾就范公堤写下不少诗篇，歌颂范仲淹的功绩……扬州八怪之一郑板桥多年往返于盐城各大盐场，曾留下了不少墨宝。山东人孔尚任，一出昆曲《桃花扇》名扬天下，一首《泊盐城》亦别有情趣，你听：“津头晚垂垂，客宿孤城吏未知。晓雾漫帆秋波澜，早潮平岸夜船移。长淮忆散金陵气，沧海真同五垒诗。一自神功溟漠后，东流水性亦多移。”

盐城，这里高唱过新四军“东进序曲”，这里是“二乔”(胡乔木和乔冠华)的故乡。只要你有雅兴，沿海而行，那碑亭石刻、古楼深井，那石闸石桥、寺院晨钟，那诗词歌赋，那战斗遗迹，那有关盐和盐业的神话传说、文学艺术、民俗风情、地方节日、行业神，有关盐业的典章、制度、盐法、盐政……宛若繁星，点缀在这片东方湿地之都上，你激动，你沉思，你不免会生发思古之幽情。

中国海盐博物馆

盐城的历史是一部海盐文化的发展史，盐城的经济、政治、文化等无不深深打上了海盐的烙印。

黄海畔的星星之火——实业救国

历史的车轮缓慢滑行到了中国近代的车道上，风云突变的战争响起，丧权辱国的条约签订，一时间，华夏大地一片阴暗，万里河山暮气横秋，腐朽没落的制度扼紧了清王朝的喉咙。然而，最深沉的夜里，光明的曙光才最为动人。在这民族危亡的紧要关头，实业救国的口号喊了起来，民族工业的旗帜扬了起来。怀抱着国泰安黎庶的崇高抱负，一批批实业家在黄海之畔播下了实业救国的火种，星星之火渐成燎原之势……

酝酿中的火种

19世纪末，曾经显赫一时的清王朝从天朝旧梦中被惊醒，再次踏上清王朝海域和陆地的“蛮夷之邦”，带来的不是一如既往的奇异贡品，而是真枪实弹、轰鸣阵阵。清政府如同一艘破旧的巨大船只，老态龙钟，渐渐走近了它“人生”的终点，而它的晚年，则充斥着帝国主义列强的恣意肆虐。心系祖国前途命运的知识分子痛心疾首，开始摸索救国道路，在这些道路之中，实业救国显得分外光明。

辛亥革命的浪潮，将没落的清政府掩入了历史幕后，倡导“三民主义”（民族主义、民权主义、民生主义）的孙中山，在1911年扛起了中华民国临时大总统的重担。但是由于帝国主义的威胁、混入革命队伍的旧官僚的怂恿，再加上同盟会组织涣散，第二年，孙中山把临时大总统的职务让给了袁世凯，表示自己要“舍政事，专心致志于铁路之建筑，于十年之内筑20万里之线”，认为建造的铁路越多，国家就会越富强。于是，他脱离临时大总统职务的第三天，就开始了大规模的全国巡回演讲，把他伟大的事业建设计划公之于众。

就这样，这个长期流亡海外、被敌对势力称为“夏威夷华人”的革命家，褪去了革命家和国家领导的光环，第一次与他的民众站得如此之近。大江南北，响彻他那“以实业与商务重建我们的国家”的慷慨陈词，在无数国人的心中播下了实业救国的火种。无数进步人士的脑海之中浮现出了这么一幅画面：通过发展实业，中国的经济重新繁荣起来了，中国在世界上重新扬眉吐气了。

这幅画面如此美好，现实却是如此粗粝。那时的中国，帝国主义的铁蹄仍在华夏大地上肆意践踏，中国的资源和主权仍然遭受着劫掠和侵害。虽然封建王朝被推翻了，但是整个中华民族的危难并没有就此解除。帝国主义列强的巧取豪夺，并没有使中国人民俯首称臣，却恰恰激起了广大人民爱国救亡的心怀。而且，好在中国的资本主义已经得到了初步的发展，虽然还是比较孱弱，但是新兴民族资产阶级已经睁开了双眼，把目光齐齐投向了新兴工商业。在早期众多的目光当中，最为坚定的当属张謇。

张謇

"四万万人齐下泪，天涯何处是神州"，横行华夏大地的帝国主义，抢掠的不仅是资源和主权，还有广阔的市场。当时中国的人口已经达到4亿，这在任何一个国家的眼中都称得上是一个巨大的市场，于是帝国主义列强仰仗签订的不平等条约，不仅深入中国腹地投资设厂，还源源不断地向中国倾销商品。单是进口机纱这一项，在1867年至1899年的30多年间，便从33507担增长到了2748644担，足足增长了80倍。长此以往，中国的民族工业只能被

张謇故居

外国资本主义逼到一个角落，苟延残喘，再也无力抽枝发芽，迸发出应有的蓬勃生机。而在当时的背景之下，倘若中国民族资本主义得不到发展，中国就不可能在世界上占据一席之地，只能是“人为刀俎，我为鱼肉”。所以说，这场商战，关乎中华民族的存亡，牵动了无数进步知识分子的心。

晚清的恩科状元张謇便是其中的一员。他的家乡南通盛产棉花，而且棉花“力韧丝长，冠绝亚洲”，本来应该成为南通金字招牌和创收大户的棉花，却因为洋纺织机器的盛行，被大量地运往日本，沦为基本的原材料。当地的人民也留下了一部分，自己加以纺织，无奈技艺落后，于是南通市场上就出现了这么一幕：洋纱洋布生意红火，本纱本布却无人问津。本应是中国人民的财富，就这么落入了洋人的腰包。张謇忧心如焚：“这与割肉喂虎有什么区别？”

张謇创办的南通大生纱厂

张謇创办的南通大生纱厂

张謇并不是唯一一个意识到这一问题的人。有一天，正在书房琢磨对策的张謇，收到了一封加急信，打开一看，原来是洋务运动的领军人物张之洞寄来的。他在信中写道：“《马关条约》允许日本人在苏杭和内地开办工厂，我们自己为什么不能办？他明天办，我今天就办，不能让他们抢得先机，中国要有自己的工业商业，要跟日厂日货展开竞争。实业，国家之实力也。”张謇，顿感英雄所见略同，于是抱着一腔实业救国的热情，风尘仆仆地赶往南京的两江总督衙门，面见了张之洞，接过了“总理通海一带商务”的委派书。

新上任的张謇，查阅了晚清的海关贸易账册，发现在进口货物之中，最多的两样就要数棉织物和钢铁。于是心中暗暗想，想要振兴中国，需要用“棉铁政策”。结合自身的体验，他决定，当务之急，便是把他一直在谋划的纱厂开办起来。

筹建纱厂的艰难，远远超出张謇预料。张謇原本打算将纱厂完全集资商办，但是面对资本雄厚的外资纱厂，原本已经商议好的“六董”纷纷撤资。见集资不成，张謇决定“官商合办”，但又不得不面对资金短缺的问题。于是，进退维谷之间，经过五年的招商和精心的选

址，1899年的春天，虽然原始资本不过44.51万两白银，但是大生纱厂的机器终于“咔哒咔哒”运转了起来，中国人最早的自办纱厂队伍中又加入了新的一员。整整五年的艰难筹办，从希冀到落空，从绝望到实现，个中滋味，恐怕只有张謇自己才能道出一二，而支撑他走过这崎岖道路的，有他个人的坚定信念，即“天之生人，与草木无异。若遗留一二有用事业，与草木同生，即不与草木同腐”，更有他那满腔烈烈燃烧的爱国心。实业救国的星星之火，就此由张謇点燃。

燎原之势

大生纱厂的建立，不仅是为了产纱，它更寄托着中国实业复兴的希望。开工仅仅一年，它就拉动了一系列产业的形成：为了保证纱厂的原材料棉花的供应，唐家闸的沿海滩涂被开垦成棉田；为了给纱厂制造和修理机器设备，大资冶厂巍然立起；为了让纱厂的产品及时运送出去，轮船运输得到了发展，苏北的河道之上，中国人的轮船汽笛长鸣……张謇一发不可收拾，马不停蹄地创立了广生油厂、复新面粉厂、发电厂等一系列工厂，唐闸镇工业区新鲜出炉。为了方便货物运输，张謇还干脆建起了唐家闸御用港口——天生港，真正实现了一条龙发展。

一时之间，唐闸镇这个长江港口旁边的小小渡口上，四方商贾云集，人口迅猛增长，迅速成长为“小上海”。倘若拿过一幅当年国外发行的世界地图来看，就会发现，虽然许多大城市都没有标出来，但是南通位置上却赫然印着“唐家闸”三个字。一个弹丸之地，因为张謇，走入了世界的视野。

实业救国这把火远没有止于此处，随着张謇众多实业的发展，整个黄海畔的民族工商业都熊熊燃烧起来，散发出前所未有的炙热温度。就拿江苏来说吧，这里的业勤纱厂早在1895年就创办起来。但江苏没有像唐家闸那么幸运，这里的近代民族工商业历经艰难的初创、曲折的成长和发展，才总算见到彩虹，1948年企业数量增至628家，产业工人达42.9万人，一举成为近代著名的民族工商业城市，并坐拥六大民族资本集团，实力雄厚，不容小觑。

无论是唐闸镇，还是无锡的实业发展，都如同一缕缕阳光，穿透帝国主义列强的黑暗势力，为饱受盘剥的中华民族奉上一丝温暖、一分希望、一颗赤诚的爱国心和一种奋发图强的民族风骨。

南通夜景

黄海，中国海军的成长记忆

2013年2月27日上午，我国第一艘航空母舰“辽宁”号，完成了服役后的首次航行，在黄海之上划出了一道跨越历史的航迹，正式泊靠黄海海域青岛某军港，标志着“辽宁”号航母正式归建属于她的母港。

黄海，与中国海军，又一次吸引了世界的目光。

不仅如此，黄海，这片海域——有让我们自豪和荣耀的欢呼，也有不堪回首的往事和屈辱的泪水；有数次海上大阅兵的历历在目，也有许多的鲜为人知。梦想和现实在这里交织，历史和现代在这里汇合。就让我们从这里起航，重温和追寻中国海军成长的记忆吧。

中国海军今昔

说起中国海军的历史，严格意义上讲，清朝时期部署在黄海前哨的北洋水师，应是中国第一支作为独立军种出现的海军，因为在此之前的所谓海军（水军），大都是作为陆军的附属出现或配属使用的。然而，正是这支海军，在中国历史上留下了刻骨铭心的惨痛记忆：

A03新型常规潜艇整装待发

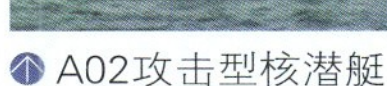

A02攻击型核潜艇

A04潜艇水下发射导弹

1970年12月26日，中国研制的第一艘核潜艇下水，开始码头安装设备工作；1971年4月做全舰联合实验；1974年8月1日，中央军委发布命令，命名为“长征一号”，正式被编入海军战斗序列，标志着中国军事装备的重大发展。

1894年的中日甲午海战，尽管当时我们拥有号称“亚洲第一，世界第八”的北洋水师，却由于腐败无能的晚清统治者，注定了全军覆没的悲惨结局；以至于在此后的几十年里，旧中国由于综合国力的积贫孱弱和国人海洋意识的淡漠缺乏，每每被帝国主义列强从海上破门而入，侵略我们的领土，残害我们的同胞，破坏我们的家园，掠夺我们的资源……一些有识之士不断发出激愤的呐喊：中国有海无防的日子什么时候才能到头？！

黄海的滚滚波涛，吞噬了李鸿章的铁甲战舰，却没能淹没国人对湛蓝大海的无限憧憬与渴望。直到新中国成立前的1949年4月23日，华东军区海军领导机构在江苏泰州白马庙乡成立，人民海军宣告诞生。从此，中国有海无防，备受帝国主义凌辱的时代一去不复返了！

60多年来，人民海军先后建立了东海舰队、南海舰队、北海舰队，并建立和完善了水面舰艇部队、潜艇部队、海军航空兵部队、岸防兵部队和海军陆战队五大兵种；前不久，新组建了舰载航空兵部队，人民海军战斗序列又增添了一支新型新主战力量；如今已发展成拥有核潜艇、导弹驱逐舰、航空母舰等先进装备的部队，海军的武器系统也实现了导弹化；目前，海军既有战术导弹，又有战略导弹，型号门类齐全，基本上形成了以导弹为主体的防御力量，提高了海军的打击能力和防御能力。实现了人民海军从无到有、从小到大、从弱到强的历史变革。

从近海到远海，也就是从“黄水”到“蓝水”，标志着一个国家海军的现代化程度。建国初期，国外称中国海军是“黄水”海军，因为那时中国海军的活动范围只限于中国的近海。如今，海军的活动范围延伸到太平洋西部海域和印度洋亚丁湾海域，成为了名副其实的“蓝水”海军。而“蓝水”海军的精英核潜艇、航空母舰等相继部署在黄海一线，黄海的战略地位可见一斑。

四次海上大阅兵

海上阅兵是所有阅兵中最为壮观、最为隆重的，也最能展示一个国家的军事力量及其威慑力。

海上阅兵起源于14世纪。古代海上阅兵代表出征前的誓师，比如14世纪的英国远征法国，当时英国国王爱德华三世，就举行了号称世界第一次大规模的海上阅兵式。随着历史的发展，海上阅兵式被赋予了许多新的目的和意义。

截至2013年6月，新中国成立已经64年，中国海军举行的海上阅兵有4次，而这4次海上大阅兵都是在黄海海域举行的。

第一次海上阅兵

1957年8月4日，中央军委为庆祝建军30周年，在山东青岛黄海水域，举行了规模盛大的海上阅兵式。这是新中国海军第一次公开展示自己的武装力量。这次海上阅兵，出动了当时海军所有精锐，如号称当时我海军的“四大金刚”“鞍山”号、“抚顺”号、“长春”号和“太原”号驱逐舰都参加了阅兵。此次阅兵由周恩来总理进行检阅，海军司令员肖劲光大将陪同。

第二次海上阅兵

20世纪90年代中期，我国海军绝大多数的舰艇武器已能自主研制建造。在这样的时机举行海上阅兵，理所当然成为建国建军以来，动用舰艇和飞机种类最全、数量最多的一次海上大阅兵。此次海上阅兵分两个阶段进行：演习和海上阅兵。1995年10月19日下午，中央军委领导同志乘坐指挥舰出海观看海上演习。而后，以核潜艇、常规

1995 神威—95演习编队授阅

潜艇、导弹驱逐舰、导弹护卫舰、导弹护卫艇和直升机、水上飞机、侦察机、歼击战斗机、歼击轰炸机组成的舰艇、飞机编队依次通过海上观礼台接受检阅，人民海军充分展示了严整的阵容和崭新的风貌。

第三次海上阅兵

2005年中俄两军在山东半岛黄海某海域举行“和平使命-2005”联合军事演习，这也是中俄两国、两军首次在中国沿海联合举行大规模的联合军演。此次阅兵集中了中国海军的精锐力量，堪称是海军三大舰队现代化的集中展示。

2005年8月23日，由中方参演的导弹驱逐舰、护卫舰、扫雷舰、潜艇和俄方参演的“沙波什尼科夫海军元帅”号大型反潜舰、“激烈”号导弹驱逐舰组成的海上舰艇编队与中俄双方参演的舰载直升机、警戒机、轰炸机、歼击机、歼轰机组成的空中飞行梯队一起，依次接受检阅。这次阅兵虽然规模不大，却具备了国际性特色。

第四次海上大阅兵

2009年4月23日，中国海军在青岛黄海海域隆重举行中国人民解放军海军建军60周年阅兵式，并邀请14国21艘军舰参与阅兵仪式。

2005 演习中的中俄舰艇编队受阅

2005 中俄舰机海上合练

2009 海军60周年阅兵

2009 海军60周年阅兵

这是中国海军首次举行多国海军检阅活动，也是中国到目前为止举行的最大规模的海上阅兵活动。国际社会对中国海上阅兵活动给予了极大关注，各大主流媒体对此次海上阅兵活动进行了客观报道和高度评价。此次海军阅兵主要是传达这样一个国家理念：海军是一个国际化的军种，随着海军现代化水平的不断提高，海上阅兵活动也成为国家进行军事外交的一种方式。这次海上阅兵向国人、向世界传达了这样一个理念——和谐海洋，这个理念实际上就是本次海上阅兵的主题。

通过海上阅兵传达一个国家的一种理念，在以往海上阅兵式上是没有见到过的，应该说是此次海上阅兵最核心、最具创新的亮点。我们知道，自从人类进入海洋时代以来，海上一直充斥着暴力、战争与掠夺，当然也有竞争与合作。和谐海洋，就是要通过大家的沟通、合作，形成一个和平利用海洋的良好氛围。和谐海洋比海上和平更高了一个层次，因为和平仅仅是排除战争。但仅仅没有战争，海洋未必是和谐的，因为在海洋开发、海洋国土争端当中，依然存在许多的不和谐因素，而中国首次提出和谐海洋这样一个理念，实际上就是把我们人类社会共同拥有的海洋变成一个合作的海洋、和平的海洋、共赢发展的海洋。这个理念的提出，得到了世界很多国家的认可和支持。从这次海上阅兵各国参与的情况来看，就可以感受到和谐海洋所产生的影响力。

通过此次阅兵，也让世界看到中国捍卫海洋权益的决心，同时还传达了这样一个讯息：当今世界，任何一个濒海大国，想取得快速发展，不可能离开海洋。中国正处在一个改革开放、快速发展的时期，海洋对中国的重要性不言而喻；从另一个角度看，海洋同样需要偌大的朝阳般发展的中国。未来的海洋——人类所共同拥有的这个海洋，需要一个新的、大家更能接受的理念，而和谐海洋理念的提出，恰恰顺应了这个潮流。中国需要海洋，海洋需要中国。

首艘航母“辽宁”号服役

历史将永远记住这一天———2012年9月25日，中国海军从此迈入航母时代。

我国第一艘航空母舰“辽宁”号在按计划完成改装和试航后，于2012年9月25日上午在中国船舶重工集团公司大连造船厂正式交付海军。经中央军委批准，我国第一艘航空母舰被命名为中国人民解放军海军“辽宁”舰，舷号为16。

我国发展航空母舰，是党中央、国务院、中央军委着眼国家安全和发展全局作出的重大战略决策。第一艘航空母舰顺利交接入列，是我军发展史上的一个重要里程碑，标志着我国航空母舰发展建设取得了重大成果，标志着我军武器装备建设取得了重要进展，标志着国防和军队现代化建设取得了显著成就。这对于提高我军现代化水平，促进国防科技工业技术进步，增强国防实力和综合国力；对于振奋民族精神，激发爱国热情，鼓舞全党全军全国各族人民奋力夺取全面建成小康社会新胜利，开创中国特色社会主义事业新局面，具有重大而深远的意义。

“辽宁”号航母以4台蒸汽轮机为动力，4轴4桨，4台蒸汽轮发动机，总计20万马力；其最高航速可高达32节，在航速30节时续航力为4000海里，在航速20节时续航力可达12000海里；舰上的电力系统可提供14000千瓦的电力，燃油储量为7800吨，航空汽油储量为5800吨。舰首使用滑跃式起飞甲板，舰艇中部设有4道飞机降落阻拦索及1道应急阻拦网。舰桥岛式建筑位于飞行甲板右侧，前后各有一台甲板/机库升降机。

“辽宁”号航空母舰（PLAN Liaoning）是中国人民解放军海军第一艘可以搭载固定翼飞机的航空母舰，先由苏联时期尼古拉耶夫船厂（又称黑海造船厂）建造，到1991年11月，该舰的总体工程进度达到68%，后由中国大连造船厂后续建造完成。舰长304米，舰宽70.5米，航母吃水深度10.5米，标准排水量57000吨，满载排水量67500吨。从底层到甲板共有10层，甲板上的岛式建筑也有9层之多，分别是消防、医务、通信、雷达等部门和航母战斗群的司令部。

航母“辽宁”号靠泊青岛母港

“辽宁”号的编制等级为正师级，编制员额1000余人。首批舰员中，具有本科以上学历的军官达98%以上，其中具有硕士和博士的有50余人。与其他国家的航空母舰一样，辽宁舰上有5%为女性。“辽宁”号航母上设有餐厅、超市、邮局、洗衣房、健身房、垃圾处理站等生活配套设施，连酒吧都有动吧和静吧两种，生活比较便利，有“海上微城市”之称。将来，还会根据实际需要，增加相应配套设施，其目的是创造良好的工作生活环境，最大限度地保障官兵的生理和心理健康。

航空母舰是一个由多种复杂系统组合而成的海上综合作战平台，它不仅代表着一个国家的海军技术装备水平，更象征着一个国家的社会稳定与国富民强。中国需要航母，中国需要打造一支强大的具有远海综合作战能力的蓝水海军，从而行之有效地维护国家利益。我们坚信，飘扬着五星红旗的中国航母，定会在蔚蓝色的大海上，秉承和谐海洋的理念，承载大国航母的梦想，劈波斩浪，走向深蓝……

↑ 航母歼-15飞行训练

航母辽宁舰海上训练

黄海海洋文明的一角风帆

泱泱古国的龙的气息，堂堂中华的灿烂文化，从这片海域扬帆启程，漂洋过海，抵达众多遥远的国度。当时间的笔端悄然划过，历史的痕迹渐渐晕染；海鸥的呢喃声中，俨然蕴含着那延绵万世的不朽辉煌。帆船驶过，划出优美的涟漪，一圈一圈，荡漾至今。粼粼波光之中，海客乘天风的豪迈、同舟共济的情谊、自强求富的梦想随波浮沉。黄海海洋文明的一角风帆，便在这波光之中，推浪而行……

新兴港口——日照港

除了一些历史悠久的古港之外，黄海畔还有着一些新兴的港口，日照港就是由古代石臼港发展起来的现代化港口。日照港是伴随着改革开放诞生、成长起来的新兴沿海港口，1982年正式开工建设，1986年投产运营，是我国重点发展的沿海20个主枢纽港之一。日照港区位优势明显，自然条件得天独厚。港口位于中国海岸线中部，东临黄海，北与青岛港、南与连云港毗邻，隔海与日本、韩国、朝鲜相望。港区湾阔水深，陆域宽广，气候温和，不冻不淤，适合建设包括20～30万吨级大型深水码头在内的各类专业性深水泊位100余个，是中国名副其实的天然深水良港。

中国海盐博物馆

中国海盐博物馆于2008年11月在盐城建成并对外开放。该馆分为序、生命之侣、史海盐踪、煮海之歌、盐与盐城五部分五个展厅，旨在全方位、多角度地收藏、展示、保护和研究中国海盐文化历史资料，反映和再现了中国海盐历史文明。

秦汉文史馆

秦始皇、汉武帝都曾登临过成山头，留下了许多美丽的传说。为了展现中华民族的悠久历史篇章，对广大游人进行生动的爱国主义教育，于1996年兴建了秦汉文史馆，馆内陈列了秦汉时期与成山头风景区有关的部分文史资料和文物，分6个展厅，内容丰富多彩，深受游人喜爱。

黄海

那些抹不去的记忆

05

当时间的风帆扬起，历史的闸门再一次被推开，那只叫作记忆的船又开始了远航的征程。曾经的乌云密布，曾经的阴霾笼罩，都已随风消散，浩瀚黄海之上，诸多岛屿再次舒展开了千古的版图；曾经的舰队纵横，曾经的战火硝烟，都已化作尘埃，沧桑黄海心中，早已久经沙场波澜不惊；曾经的远走异乡，曾经的勇闯关东，都已悄然远逝……漂泊着一件件不朽的传奇。意气风发的五四运动，化作那火红的五月的风，自波涛之上，阵阵袭来……

黄海版图——胶东半岛和辽东半岛

白云下的黄海，碧波汹涌澎湃，高声吟唱着一首龙的颂歌。这荡漾的碧波之上，胶东半岛和辽东半岛如同守望的老人，历经沧桑巨变、风霜雨雪，早已宠辱不惊，偎在黄海的肩上，直待好奇的子孙前来，打开那尘封已久的版图，讲述那渐行渐远的过往。

胶东半岛的历史变迁

“忽闻海上有仙山，山在虚无缥缈间。”白居易《长恨歌》中一句描写，引发多少后人的遐想。其实，这种景象对三面环海的胶东半岛来说并不稀奇。它其实不是什么仙山，而是海市蜃楼，但这种海市蜃楼在古人的眼中，无异于神仙的居所，所以早在先秦时期，半岛神仙文化就在这里生根发芽，还在史料之中留下了它们的足迹。比如说，在《史记·封禅书》中就有这么一段记载：“自威、宣、燕昭使人入海求蓬莱、方丈、瀛洲。此三神山者，其传在勃（渤）海中，去人不远，患且至，则船风引而去。盖尝有至者，诸仙人及不死之药皆在焉。”这段记载大意就是说，黄海上有三座仙山——蓬莱、方丈和瀛洲，山上住着仙人，这些仙人还有长生不死药，所以当时许多帝王将相都派人前往。对于手握极权的皇帝来说，长生不死，永享富贵安康，可不是莫大的诱惑么？于是无论是秦始皇还是汉武帝，都多次来到胶东半岛，希望能够获得长生不老之药，胶东半岛也由此沾染了几分帝王瑞气、仙风道骨。

岁月流转，海市蜃楼也渐渐为人所知，胶东半岛萦绕的神仙传说渐渐消逝了，但它的辉煌并没有终结。海岸线绵长的它，在明清两代一直是海防的重点。直到现在，许多明清时代的海防设施仍沐浴着海风，祭奠着过往。这些海防设施体系严密，初步具备了近现代综合军事工程的特点。

胶东半岛

胶东半岛也称为山东半岛，名列中国三大半岛，是中国最大的半岛。那它究竟有多大呢？在不同人的眼中，它有着不同的模样：有人认为，烟台地区和威海地区构成了整个胶东，也有人认为青岛地区也算是胶东，还有人发表意见，日照和潍坊的大部分地区也都称得上是胶东。众说纷纭，但大家多半达成共识，把胶莱谷地或胶潍平原以东的山东半岛地区都归为它的地盘儿。不过，要是跟别人聊起胶东半岛来，别忘了先确认一下你们聊的是不是同一个胶东半岛。

但船大尚需好船长，步入近现代后，胶东半岛的海防虽然称得上严密，但是在腐朽无能的清政府的掌控之下，逐渐破败，在外国列强的炮火之下，如秋风扫起的落叶，飘零无依。1840年鸦片战争之后，英国获得了巨大的利益，德国一看，“奋起直追”，把侵略目标定在了胶州湾。那还是1896年的时候，德国远东舰队司令梯尔庇茨亲自来到中国“视察”。他的目光被胶州湾牢牢吸引，不断赞许说胶州湾是中国北方的唯一天然良港，是山东乃至整个华北的物产出口处。自那时起，德国侵占胶州湾的图谋逐步形成，仅仅在一年之后，图谋就变成了现实。

德国先是无理取闹随便找了个借口出兵胶州湾，当地的守将还没反应过来呢，胶州湾上就出现了许多德国军舰的鬼影。就这样，美丽的胶州湾被德帝国主义占领。单是占领还不够，为了让自己更加“名正言顺”、更加有恃无恐，德国还强迫清政府签订了《胶澳租借条约》，条约中规定，胶州湾由德国“租借”，“租期”99年，于是整片胶州湾，包括青岛在内，甚至整个山东，都沦为德国的势力范围。不过，眼馋胶州湾这块肥肉的，不仅仅是远道而来的德国，还有一水相隔的日本。第一次世界大战爆发之后，德国无暇东顾，日本瞅准时机，于1914年夏天，出兵攻占了青岛。自此，青岛地区被日本占领，原来《胶澳租借条约》中规定的德占领域全部由日本接手。

第一次世界大战结束之后，巴黎和会上，英、法、美、日联合操纵，在中国政府提出收回青岛和山东主权的时候，竟然堂而皇之地加以拒绝，决定把青岛和山东的主权从德国手中收回，转而送给日本，完全无视中国也是战胜国之一，将中国为“一战”胜利所作的贡献一笔勾销。消息传到国内，民众顿时沸腾了，学生、工商业者、爱国团体等等纷纷进行斥责，

胶济铁路——承载齐鲁百年荣辱

五四运动席卷全国，“还我青岛”等口号响彻华夏大地。原本打算签字的北洋政府代表，迫于国内压力，最终没有出席巴黎和会的签字仪式，但是青岛也没有就此收回。直到1922年，在中国人民不屈不挠的斗争之下，中日两国才签订了《山东悬案细目协定》，中国付出巨款之后，才总算赎回了失散已久的青岛和胶济铁路。就在那一年的12月10日，双方正式交接，青岛终于回到了祖国的怀抱，胶东半岛的耻辱终于画上了短暂的休止符。

胶东半岛海景

辽东半岛的史海沉浮

位于辽宁省南部的辽东半岛是我国第二大半岛，它的北面边界是鸭绿江口与辽河口的脸线，其他三面临海。千山山脉从南至北横贯整个半岛。千百年来，这片美丽的土地也曾在历史的风云巨变里悄然上演着自己的历史变迁。

翻开厚重的史书，我们可以从文字中追寻关于这个半岛的点点滴滴。从史书记载上看，到了春秋时期，“辽东”一词才出现，然而辽东地区与中原地区的联系实则可以追溯到非常久远的年代。早在西周初期，周天子将肃慎、燕、亳（貊）看成是自己的北土，这里所谓的“北土”实际上已包括了中国现在东北地区的整个地区，自然也包括了辽东半岛。后来到了战国时期，燕人向东拓疆，顺理成章地将古辽东地区正式纳入自己的行政辖区，并在这一地区推广铁器，发展货币经济，大大促进了各地各族的社会发展。此后随着历史的缓慢发展，世世代代的朝代更替，辽东地区始终在中国历代王朝的管辖之下。直至现在，中国辽宁省的辖境依然占古辽东的大部分区域。

《马关条约》签订过程场景

风起云涌的近代，有着丰富自然资源和优越地理位置的辽东半岛自然难免卷入浩劫之中。中日甲午战争之时，辽东半岛之战是其中的重要战役，这场战争是日本帝国主义在英、美等国支持下发动的侵略中国的非正义战争，中经黄海之战、金旅之战、辽阳东路之战、辽阳南路与规复海城之战、田庄台大战，最后以清政府的屈辱求和而告结束。

中日《马关条约》主要内容

- 割让辽东半岛、台湾、澎湖列岛给日本
- 赔偿军费白银2亿两
- 开放沙市、重庆、苏州、杭州为商埠
- 允许日本在通商口岸设立工厂

《马关条约》主要内容

《马关条约》中，清政府屈辱地割让了辽东半岛。然而，当时风波诡谲的世界局势并未给日本独占辽东半岛的机会，六日后，俄国、德国与法国以提供“友善劝告”为借口，迫使日本把辽东还给中国。日本在如此的外交压力之下，只好在5月5日宣布放弃对辽东半岛的永久占领，与三国达成协议：日本归还辽东予中国，而清廷要付出三千万两白银作为赔偿。11月16日，清廷赎回了辽东。

虽然辽东回到了祖国的怀抱，但是回顾事件的整个过程就会发现，清政府在整个过程之中毫无发言权，不过是在帝国主义利益争斗之中侥幸收回辽东而已。虽然屈辱不堪，但是这件事却如警醒的钟声，唤醒了一批知识分子，孕育了百日维新。

片片沙洲、点点礁石，无不见证着胶东半岛和辽东半岛的世事变迁，无不记载着胶东半岛和辽东半岛的沧桑故事。在经历过千年的雨雪风霜、百年的枪火炮弹之后，如今的胶东半岛和辽东半岛静静地依偎。

《马关条约》谈判及签订的史迹

黄海悲歌——北洋舰队与甲午战争

这片东方的海域，这片太平洋西岸的蔚蓝，这片承载着多少人的期冀、与多少华夏同胞同呼吸共命运的黄海，在漫长而悠久的历史长河中，曾多少次被轰隆的炮声惊醒：近代西方列强通过这片海域，行驶到天津，签订下一则则不平等条约，一步步蚕食华夏泱泱国土；日本在这片海域之上，发动了甲午海战，弥漫的硝烟之中，埋葬了一批批英魂，打碎了一个朝代的海防梦……多少英雄在这片海域奋勇厮杀，多少丰碑在这片海域傲然矗立，那一曲曲旷古悲歌，让我们至今想起来仍会心潮澎湃，仍感壮心不已。

北洋舰队的兴衰

近代以来，沉睡中的清政府仍然做着天朝美梦，但是西方列强的枪炮轰鸣声、轮船轰隆声，将清政府惊醒过来。最先惊醒的一批人中，有一个人大家耳熟能详，他就是李鸿章。这个传奇人物意识到，列强大多来自海上，没有强大的海军，就无法捍卫国家的海洋权益；失

北洋军舰模型

去了国家的海洋权益，国土便赤裸裸地置身于列强的铁蹄之下。于是，1874年，李鸿章在海防大筹议中向朝廷上奏，系统地提出了定购铁甲舰，组建北、东、南三洋舰队的设想。不仅如此，他还建议加强沿海陆防，让两者遥相呼应、相互配合，中国近代海防战略就此形成。

在这种思想的指导下，李鸿章开展了洋务运动，社会经济、工业等无法一下子发展起来，于是他先把目光投向了军事工业，在这束关切的目光之下，军械所、船政局、机器局等一批军事工厂相继建成，许多新式武器相继出炉。李鸿章本是希望通过引进西方的先进军事技术和武器装备，来赋予清政府自卫的能力，无奈这些军事工厂整个生产流程都依靠外国技艺，甚至连原材料都得从外国进口，所以成本十分昂贵，而且战斗力总也达不到世界领先水平。后来，清政府干脆直接向外国购买洋枪洋炮。当然，鉴于海军对国防的重要性，清政府下血本向英、美、德、法购买了数十艘舰艇，在李鸿章的操办之下，开始组建北洋舰队。此时的清政府虽然腐朽不堪，但是这支舰队的战斗力却着实不俗，单是从德国购进的“定远”号和“镇远”号这两艘铁甲舰，就足以令当时的列强们胆战心惊，让近邻日本望洋兴叹。1888年12月17日，在旌旗飘扬的刘公岛上，清廷正式宣告北洋水师成立。

此时的北洋水师，拥有一大批当时世界上先进的军舰，成了当时亚洲第一强、世界第九强的一支海军。阳光之下，铁甲凛凛，

纪念馆里的北洋水师勇士塑像

北洋水师诞生地刘公岛上的雕塑

北洋水师大炮

好不威风。海军将士个个精神昂扬，认真操练，明黄色的旗帜也在蓝色的海天之间肆意飘扬。有了这支强大的海军力量，清政府又一次坠入了天朝美梦，又一次盲目乐观、不可一世。原本辉煌的北洋舰队，迅速滋生出很多蠹虫，朝廷中不明就里的官员开始叫嚣，海军花费太高，应该加以遏制，于是朝廷开始克扣和挪用海军军费。北洋海军中的中下层军官也开始将舰船维修公费中饱私囊。就这样，海军得不到应有的重视，士气大挫，舰船生锈了、破损了也得不到及时的维修，舰艇的航速和机动性都逐渐下降，火炮的攻击力也逐渐下降。年复一年，看似强大的北洋舰队已经空有一副躯壳。

这一切在甲午中日战争爆发后，都画上了句点。就在黄海海战之前，李鸿章向朝廷上了一份奏折，报告说北洋水师能投入战斗的军舰只有八艘而已，整日浑浑噩噩的官员们这才惊出一身冷汗，但已为时晚矣，黄海注定将目睹惨烈的一幕。

北洋水师的军旗

为了和西方海军接轨，李鸿章亲自下令制定北洋水师的军旗。按照海军军旗的设计惯例，军旗要以国旗作为设计基础。而那时，大清国连自己的国旗都没有。几经讨论，北洋水师终于有了自己的军旗，这是一面明黄色的旗帜，上面绣了一幅蓝龙戏珠的图案，先做成三角形，后为与西方一致改为长方形。军旗做成后，清政府觉得十分满意，索性把这面北洋水师的军旗同时作为大清国的国旗。

甲午黄海海战

甲午海战之中，黄海海战是真正意义的海战，在世界海战史上被称为“经典海战”之一。在世界海战史的著作中，较多称其为鸭绿江海战、大东沟海战。其实，称“黄海海战”更为确切，因为战斗是在鸭绿江口较远的海洋岛与大鹿岛之间的黄海海域上展开的。

丰岛海战后，1894年8月1日，中国和日本同时向对方宣战。光绪为首的主战派自诩海军强大，屡屡致电李鸿章，要求主动出海寻找日舰决战。而李鸿章等水师头目，对丰岛战后的战争形势茫然莫辨，根本没有制定出对日作战方针，认为“海上交锋，恐非胜算”，从而采取“保船制敌”的消极防御方针。

1894年9月15日，丁汝昌率领北洋水师主力部队18艘舰艇从威海港驶抵大连湾，泊于台子山、和尚岛、大孤山和三山岛环抱的宽阔海域内，准备执行护航任务。这是中国海军最壮观的聚集，也是北洋水师的最后一次检阅。其中铁甲舰“定远” 号、“镇远”号，每舰吨位7335吨，航速14.5节，主炮口径305毫米，配有3个鱼雷发射管，是远东最大的军舰，日本人“畏如虎豹”，视为主要打击目标。

丁汝昌

1894年9月17日10时，“定远”号的瞭望哨发现了从海洋岛方向前来袭击的日本舰队，日军旗舰“松岛”号等12艘战舰正以单纵队战斗队形迎面驶来。北洋水师编队立即起锚以横队向西南方向迎敌。12时35分，敌我编队相距5300米，“定远”号首先用305毫米巨炮对日舰发起攻击，其他各舰一起向日舰齐射，日舰同时向我编队密集开炮，世界上第一次近代铁甲舰队之间的大编队作战由此开始。

北洋水师集中攻击日联合舰队的指挥舰“松岛”号，击毁其320毫米主炮的旋回装置和后炮座，使其战斗力大减。其余日舰“严岛”号、“桥立”号中弹多发，受到重创；“比睿”号、“赤诚”号被打得燃起熊熊大火，“舰上军官几乎非死即伤”。

北洋水师“定远” 号和“镇远”号越战越勇，冒着弹雨冲锋陷阵，集中攻击日本海军军令部长桦山资纪中将的座舰“西京丸”号，击中其甲板和轮机舱，迫使其挂出“我舰故障”的信号。赶来参战的中国“福龙”号鱼雷艇在400米至40米的近距离内连续发射三发鱼雷，吓得桦山资纪闭上眼睛喊“完了，我事已毕！”可惜，很可能是鱼雷性能失效，三枚鱼雷竟无一爆炸，“西京丸”号侥幸免于葬身黄海，狼狈地退出了战场。

战斗开始时，北洋舰队指挥丁汝昌被巨炮气浪掀翻，身负重伤，他坚持坐在甲板上指挥战斗，鼓励官兵英勇杀敌。但信号装置被毁，舰队失去统一指挥，大大降低了协同作战的能力。更致命的是弹药储备不足，不少是无引信的练习弹和装药不足的炮弹，甚至还有内装沙子的炮弹。无疑，清廷的腐败和消极备战帮助了敌人。

由于通信工具原始，难以进行有序的编队作战，几十艘舰艇在不大的海区内穿插攻击，基本上处于混战状态，主要靠视距内的协同配合。刚投入战斗的“平远”号，攻势凌厉，气势凶猛，用260毫米主炮击中日本“松岛”号旗舰，洞穿多个舱室，击毁其主炮和鱼雷发射管，毙伤多人。

“致远”号舰长邓世昌始终挺立在指挥台上，英勇作战。当旗舰“定远”号桅杆折断，帅旗坠海时，他驾舰开足马力驶于“定远”号之前，吸引火力，掩护旗舰，驾舰却重陷敌阵，遭受日舰围攻。邓世昌在舰损弹尽的危难时刻，决心撞击敌舰，不幸舰体中弹炸裂沉没，邓世昌英勇殉国。

邓世昌

“定远”号、“镇远”号弹痕累累，中弹数百上千，人员伤亡很大，但官兵们搬开同伴的尸体，不断用巨炮轰击敌人。经过6小时的激战，两舰主炮弹药告罄，只靠练习用的实心弹来打击敌舰，失去了击沉和重创敌舰的机会。

战斗进行至17时40分，日舰惧怕“定远”号、“镇远”号的巨炮和鱼雷艇的攻击，先行南撤，驶往朝鲜大同江以南锚地。北洋水师“定远”、“镇

“定远”号旧照

远”、“平远”、“广丙”四舰一起追击逃遁的日舰，但由于各舰均是带伤航行，无力撵上日舰。约18时，北洋水师6艘舰艇汽笛长鸣，告别血与火的战场和为国捐躯的战友，转向西南方向，朝旅顺港返航。

战斗结果：北洋舰队“扬威”号、“超勇”号、“致远”号、“经远”号四舰沉毁，“广甲”号在撤离战场途中触礁报废，“定远”号、“镇远”号、“靖远”号等均有较大损伤，共牺牲水师官兵600多名，战斗力受到很大削弱。

由于清政府的腐败，北洋舰队领导不力，海上指挥混乱，作战弹药不足，导致舰队遭受重创。但在整个战役中，舰队完成了护送陆军登陆的任务，重创了敌旗舰“松岛”号和军令部长的座舰“西京丸”号，在激战中保住了“定远”、“镇远”两艘主力舰，粉碎了日军“聚歼清军于黄海”的企图。而且，是日舰被迫先行退离战场，在我军追击中结束战斗。所以，不能说是“北洋水师”失败了，客观地说，双方难分胜败。英国人勃兰德在《李鸿章传》中写道：“如果这些大炮有适量的弹药及时供应，鸭绿江之役很有可能是中国方面获胜，因为丁汝昌提督是有斗志的人，而他的水手们也都极有骨气。”

邓世昌和“致远”号壁画

“致远”号旧照

甲午战争之悲歌

“寸寸河山寸寸金，瓜离分裂力谁任。杜鹃再拜忧天泪，精卫无穷填海心。”用黄遵宪的这首诗来形容甲午年间的那场风云骤变再合适不过。沧海横流，惊涛拍岸，似乎都在默默地吟唱着一支早已消逝的甲午悲歌。

黄海海战悲壮，但终究只是悲歌中的一个高潮。这次激烈的海战之后，北洋水师遭受重

甲午海战（牛庄之战）画

创，退回到旅顺、威海，开始奉行“避战保船”，不再出战。但日军并没有就此罢休，随后便通过武力占领了旅顺。北洋水师只得退到威海卫，日军也随之而至。就在第二年，日军发动了威海卫战役，北洋水师被从海上、陆上四面包围，猝不及防。1895年1月17日，日军登陆刘公岛，威海卫海军基地陷落，北洋舰队全军覆没。这支舰队，生于刘公岛，终于刘公岛，就这般抛洒了热血，也书写了传奇。

北洋舰队覆没之后，清政府已经无力也无心继续作战，整个甲午中日战争战局已定，最终被迫签订了丧权辱国的《马关条约》。黄海海域之上，龙旗飘落，升起了太阳旗，黄海制海权就此全部落入日军手中。其实，何止是黄海呢？《马关条约》之后，列强们纷纷划定势力范围，于是，当时的中国，无论是沿海港口和领海，还是内陆的大江大河，都可以看到飘扬着异国旗帜的船只耀武扬威地肆意游弋，中国的海洋和河流似乎成了列强的内海内河。闻一多在《七子之歌》中，对威海卫悲情呼唤：

再让我看守着中华最古的海，这边岸上原有圣人的丘陵在。母亲，莫忘了我是防海的健将，我有一座刘公岛做我的盾牌。快救我回来呀，时期已经到了。我背后葬的尽是圣人的遗骸！母亲！我要回来，母亲！

如今的黄海，芳华依旧，它那澎湃的浪涛，化作一声声警钟，警醒后人：海防安，国家才能安；唯有海上屏障坚牢，国家本土才能无虞。

新四军与盐城

新四军自1940年秋来到盐阜，到从日伪手中收复盐城，直至1947年初改编为人民解放军，在6年多的时间里，这支英勇的人民军队为还我河山、重建政权、改善民生、发展文教，在盐城大地上留下了许多闪光足迹，值得我们永久铭记。

八路军、新四军会师盐城

1940年7月，陈毅、粟裕根据党中央关于巩固华北、发展华中的战略决策，率新四军江南主力部队渡江北上，成立了新四军苏北指挥部，迅速挥戈东进，一举攻占黄桥等地。10月4日至8日，渡江的新四军在黄桥进行自卫反击战，一举歼灭国民党顽固派韩德勤所属部队万余人，为建立苏北根据地奠定了基础。接着，挥师北上，向盐城进发。与此同时，黄克诚率领的八路军第五纵队迅速南下，10月10日，纵队一部在盐城北门与守城顽军激战，歼敌800人，一举攻克了盐城，另一部继续南下与新四军第二纵队一部在盐城境内的狮子口胜利会师。

八路军新四军盐城狮子口会师纪念碑

同年10月15日，由拥护抗日的地方进步人士组成的盐城县抗日民主政府成立。10月下旬中原局书记刘少奇（化名胡服）和赖传珠率领“乌江大队”千人向盐城地区进发。11月7日，刘少奇、黄克诚到达海安新四军苏北指挥部。为了统一对华中地区八路军和新四军的指挥，根据党中央的决定，11月17日在海安召开华中八路军、新四军总指挥部成立大会，由叶挺担任总指挥，陈毅为副总指挥，刘少奇为政治委员，赖传珠为参谋长，11月23日，总指挥部迁至盐城，驻文庙。

新四军重建军部

1941年1月，国民党反动派以重兵围攻在皖南的新四军军部和直属部队，制造了震惊中外的“皖南事变”，1月17日，蒋介石宣布新四军为“叛军”，下令取消新四军的番号，并发

泰山庙——新四军重建军部旧址

布了进攻江北新四军的命令，声称要将被俘的叶挺将军交军事法庭审判。国民党顽固派发动的反共高潮达到了顶点。对此，中共中央进行了针锋相对的斗争。1月20日，毛泽东在延安亲自为中共中央军事委员会签署了新四军重建军部的命令，任命陈毅为代理军长，刘少奇为政治委员，张云逸为副军长，赖传珠为参谋长，邓子恢为政治部主任，继续领导新四军坚持华中敌后的抗战，并准备抵抗亲日派的进攻。

1月25日，新四军新军部在盐城西门泰山庙正式成立。成立大会在大众剧院隆重举行，会场内悬挂着各界赠送的“义旗高举”、“指挥若定”等许多锦旗，热烈庆祝新四军新军部成立。陈毅代军长首先宣读了中共中央军委的命令和委任状，并发表了就职通电和演讲。刘少奇也作了重要讲话，号召全体新四军将士坚决执行党的抗日民族统一战线政策，做好作战准备。新军部成立后，将华中八路军、新四军各部队统一编为七个师和一个独立旅。5月19日，中原局和军部召开高级干部会议，根据中央的决定，成立了中共中央华中局和华中军分区，由刘少奇任书记。新四军新军部的成立，震慑了国内反共势力，鼓舞了全国人民的抗日斗志。这时的盐城已成为华中敌后抗日民主根据地的政治、经济、军事和文化中心，被誉为“苏北延安”。新军部领导盐阜军民先后于1941年夏天和1943年春天两次粉碎了日伪军对盐城的“扫荡”。

盐城新四军纪念馆

百年不散关东情——闯关东

八股绳子牵着荆条编就的篮筐，牵着锅碗瓢盆也牵着缕缕不断的血脉；用一条风雨兼程的道路，寻找关山之外的黑土。在关山之处回首望，回家的路已被朱红的大门关在了记忆的最深处。从此以后，这些人儿在另一片土地上耕种和收获，带来了家乡的粒粒种子，带来了父辈的殷殷期盼，让孔孟之道在这片黑土地上扎根，也依靠和感恩着这片接纳和养育着自己的黑土地。百年不散关东情。如今"闯关东"已经随风远逝消散在历史的云烟里，而那一段传奇故事却依旧被讲述和传诵着。

千里音书失故乡

2008年，一部开年大戏引发了收视热潮，它就是《闯关东》。看过这部戏之后，人们知道了一段可歌可泣的历史，一段百折不挠的平民生存史。原来顺着黄渤海地区，一直延伸到黑龙江，一步一步，洒满了闯关东的山东人的热泪与汗水。"卖儿卖妇路仓皇，千里音书失故乡。""闯关东，闯关东，拖儿带女两手空。白山黑水都是泪，不忘家乡饼子葱。"读着这些顺口溜，一股辛酸之感如何不在心头涌起。闯关东这场波澜壮阔的史诗剧的背后，隐藏着多少人的思乡之情、多少人的身不由己。

山东人徒步北上"闯关东"雕像

不过，你如果以为闯关东只是电视剧中那个年代的事儿，那就错了。因为山东人闯关东历史悠久，大约可以追溯到明代末期。早在那个时候，黄河两岸的河北河南、山东山西，就经常遭受天灾人祸，清代时也是如此。据历史记载，清代的268年中，

闯关东的山东人的生活写照

233年里山东遭受旱灾，245年中山东出现涝灾，各种自然灾害似乎格外“青睐”山东，导致这里的天灾大大超过全国其他省份。与此同时，战乱也没有消停，山东人生存之艰难可想而知。面对生存困境，山东人没有一蹶不振，坐以待毙，而是积极寻求出路。这时，“关东”，也就是山海关以东辽宁、吉林、黑龙江三个省份，成了窘迫的山东人心中的天堂。为何偏偏锁定关东呢？这不难理解，这里离山东最近，土地广阔且人烟稀少，正好给他们提供了生存的空间。

既然是那么一块好地方，为何又称之为“闯”关东呢？原因主要有两个，一个关乎历史，另一个则关乎自然环境。首先是清朝时的禁关政策。统治者一心认定满洲是“龙兴之地”，严禁汉人到那里去垦殖，无论是顺治，还是康熙，都一直秉承这个思想。不过，这纸禁令并未一成不变，由于关东长白山地区盛产人参，而人参价格高昂，无论是去采参还是去贩卖，都足以让百姓赚不少钱，因而关内的人出关买卖人参的越来越多。顺治皇帝眼见无法全面禁止，于是就调整了一下政策，规定出入山海关得凭借印票，严禁携带人参出关。为此，清政府还专门分段修建了1000多公里的篱笆墙。康熙帝登基16年的时候，一位探求鸭绿江源头的大臣，寻访了长白山，认为是清朝的发祥圣地。康熙皇帝一听，顿觉长白山与清朝的龙脉息息相关。既然是龙脉，自然要大加保护，于是长白山周围地区被列入封禁范围。在当时，与中原相比，关外偏僻且遥远，封禁似乎并没有对百姓的生活产生多大的影响。但是，到了19世纪，黄河下游年年不是旱就是涝，百姓民不聊生，急需移居到一个新的地方，开始新的生活。但此时的清政府，仍然固守旧传统，就是不开放关外。已经无计可施、走投无路的山东人，为了活下去，只好不顾禁令，冒着被惩罚的危险，成千上万地“闯”入关东。

其次，关东虽然地广人稀，但是迁过去之后，究竟将来如何，谁都说不准。这里气候严寒，历经千辛万苦到那儿之后，没准儿还没发财呢，就冻馁而死。当然啦，运气好的话，比如挖到老山参了，采到东珠了，或者种下的农作物丰收了，人们就可能发大财。不过，即使发了大财，也不能掉以轻心。这儿偏远，没有行政机构，如果遇上横行的盗匪，只能自叹倒霉、自求多福而已，说不定自己也成了盗匪中的一员。假如运气特别好，占据了大片的山林，或者怀揣白花花的银子光荣地回到了家乡，那这人可能就会带上更多的人闯关东。因为那时的山东，早已人满为患、贫困潦倒，闯关东对穷苦大众来说，几乎算得上是唯一的出路。“渤海风掀恶浪摧，三更雨打断船桅。乡人尽做波中鬼，不敢回头任泪垂。”这首流传的竹枝词反映了从海路去“闯关东”的凶险与艰辛。所以说，山东人闯关东并非表面上那么浪漫雄壮，它实质上是贫苦农民在死亡线上自发、不可遏止、悲壮的谋求生存的运动。

关东民居一角

白山黑水关东情

尽管关东之路艰难困苦、险象丛生，但仍有数不尽的山东人凭借着自己顽强的毅力，凭借着自己的聪明才智，凭借着同乡之间的英勇团结，在那一片白山黑水之间找到了生存的途径，并世世代代繁衍生息。他们在那里淘金、垦荒，开垦了这片土地的同时也被这片土地养育着，成了开垦东北的主力军。当然，这里珍贵的人参也吸引了众多的目光，许多山东人开始采挖人参，也就是俗称中的“放山”或者“走山”。这也酝酿出了一个个传奇故事，其中尤以闯关东的第一个“放山人”最富义气。

据民间传说，这个放山人为山东莱阳人孙良，他在山东的时候生活窘困不堪。正发愁的时候，听说长白山有一种植物，名叫“棒槌”（即人参），只是一根就比金子还要贵重。于是，他跟同乡张禄跋山涉水到了长白山，翻山越岭去挖人参。两人干了三年，挖了不少人参，商定再分头干三天，然后打点行装回山东老家去。谁知，张禄这一去就再也没有回来。孙良急了，到处寻找，找了七天七夜也没找到。他随身带的干粮吃光了，又累又饿，昏倒在蝲蛄河边。不知过了多久，他醒了过来，捧了几口河水喝了，看见水底有只蝲蛄，抓来活嚼生吞了。身上有了点力气，他抓起一块尖石，在一块大石头上刻画着：

家住莱阳本姓孙，漂洋过海来挖参。

路上丢了亲兄弟，沿着古河往上寻。

三天吃了个蝲蛄，不找到兄弟不甘心！

农民雕塑家于庆成创作的《闯关东》雕塑

写完，他便昏死过去，再也没有醒来。现如今，在吉林省通化市快大茂镇西，滔滔远去的蝲蛄河北岸，有一座坟，就是孙良的。后来的放山人尊奉他为“老把头”，也就是开山祖。

正是山东人这种粗犷、豪放、仗义的性格，使得他们在天灾人祸的逼迫下，毫不屈服，勇“闯”关东；正是他们那勤劳、节俭的性格，使得他们能够在东北获得生存的空间；正是他们那诚实、仗义、好客的性格，使得他们能够与他人和睦相处，赢得他人的尊敬与信任。也正是这一批批外来的山东人，用自己勤劳的双手、聪明的头脑、高尚的品格造就了今天的大东北，让这片黑土地散发出迷人的光彩。

这种“与天斗，与地斗”的生存状态，让一辈辈的山东人在生存与尊严的天平上称量着自己的血肉和灵魂。“闯关东”的悲苦与辛酸，其实也正是中华民族艰苦创业的历史。弘扬“闯关东”的精神，不也正是弘扬中华民族生命不息、奋斗不止的华夏精神吗?

青岛的红色记忆

穿岁月峰头，伴历史云烟，中国共产主义青年团已经走过了近百年的风风雨雨。循火红足迹，经坎坷征途，一代代优秀青年从五四运动开始，一路高歌呐喊，将“五四”的火炬传递了下去。“我们是五月的花海，用青春拥抱时代。我们是初升的太阳，用生命点燃未来。”五月的春风情深意暖，五月的花海流溢飘香，和着春潮，伴着夏韵，“五四”的精神在一代又一代的人心中传递流淌，谱写了一曲曲壮怀激烈的青春赞歌。岁月如烟，流年似水，让我们再一次回首那1919年发生在华夏大地上悲壮又雄伟的一幕，让我们透过历史的烟云去倾听那一个时代呐喊出的最强音，让我们也追寻着历史的足迹，去寻找黄海畔的青岛与这一段可歌可泣的伟大史实之间的渊源。

无理的巴黎和会

在浮山湾畔这块富饶之地，青岛市政府大楼与浩瀚的海洋之间，伫立着青岛的标志性雕塑——“五月的风”，与它相互厮守的就是美丽的“五四广场”。对青岛市民来说，它们不仅是城市的雕塑和广场，还是这个城市历史文化的守护者，因为“五四”对青岛而言，代表的不仅是青年的活力，更有它如烟的往事。

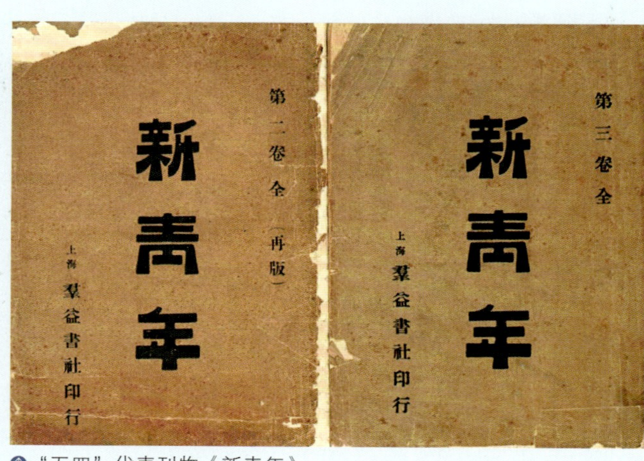

“五四”代表刊物《新青年》

那时，第一次世界大战刚刚结束，中国作为战胜国之一出席了巴黎和会。1897年的《胶澳租借条约》，将整个胶州湾，包括青岛在内，拱手“租”给德国，租期99年。“一战”期间，德国自顾不暇，日本趁机侵占了青岛。于是，这次出席巴黎和会的陆征祥、王正廷和顾维钧等5人代表团，在全国人民舆论的压力下，向和会提出了几项合情合理的正当要求：比如，取消外国在中国的某些特权，取消日本帝国主义同袁世凯订立的企图灭亡中国的“二十一条”，将胶州湾租界地、胶济铁路及其他权益直接归还中国，等等。但是，操纵巴黎和会的列强无视中国对“一战”胜利作出的贡献，以种种荒谬的理由拒绝了中国提出的这些正义要求，反而商议决定，原先被德国在山东强占的领土、铁路、矿山及其他一切特权，都归日本继承。

“胶州亡矣，山东亡矣，国将不国。闻前次四国会议时，本已决定德人在远东所得权利，交由五国处置，我国所要求者，再由五国交还我国，不知如何形势遽变。更闻日本力争之理由无他，但执1915年之二十一条条约，以及1918年之胶济换文，及诸铁路草约为实，呜呼，二十一条条约，出于胁逼；胶济换文，以该约确定为前提，不得径为应属日本之据。济顺高徐条约，仅属草约，正式合同并未成立。此皆国民所不能承认者也。国亡无日，愿合四万万民众誓死图之！”巴黎和会上中国外交失败之后，时任北洋政府外交委员会事务主任的林长民愤慨地写了这篇文章。青岛的主权未被归还，反而再一次由于之前的不平等条约，成为敌人盘中的鱼肉；如若纵容这种要求，胶州、山东乃至全国都将逐渐被侵吞掉。面对国将不国的严峻局势，全国同胞的爱国烈火被骤然点起。几天之后，具有划时代意义的五四运动爆发了。

五四运动：还我青岛

1919年5月3日晚上，北京大学学生高君宇、许德珩在得知政府已密令我国代表可以在山东条款上签字的消息后，召集北大和北京其他高校代表在北大政法礼堂开会。会上，邵飘萍以北大新闻学会导师、《国民》杂志顾问、《京报》社长的身份，介绍了中国代表团在巴黎和会上失败的经过，号召同学们起来抗争：“现在民族危机系于一发，如果我们再缄默等待，民族就无从挽救而只有沦亡了。北大是最高学府，应当挺身而出，把各校同学发动起来，救亡图存，奋起抗争。”北大学生谢绍敏当场咬破中指，撕下自己的衣襟，写下“还我青岛”四个大字，全场气氛慷慨悲壮。

邵飘萍

1919年5月4日下午2时，北大和高师、工业专门学校等13所大专学校的学生3000多人，挥舞着小旗，高举标语牌，走上街头，开始了抗议游行。这场游行，既指向列强，也指向当

蔡元培

局。游行队伍中的标语牌上，有的写着“外争国权，内惩国贼”、“取消二十一条”、“宁为玉碎，勿为瓦全”、“拒绝和约签字”等字样，有的则画着山东省地图或者宣传画，但其中最为引人注目的，莫过于北大法科学生谢绍敏前天晚上咬破中指撕下衣襟血书的“还我青岛”四个大字。无论何时人们提到五四运动，这四个大字似乎都在诉说着丧失国家主权的悲恸与愤怒。除了这些标语之外，天安门前还竖起一面旗帜式长白布，上面写着一副对联“卖国求荣，早知曹瞒遗种碑无字；倾心媚外，不期章惇余孽死有头”，落款为“北京学界同挽。卖国贼曹汝霖、章宗祥遗臭千古”。一时之间，街头上四处旌旗飘扬，浩浩荡荡。

惊慌失措的反动政府对这次游行活动进行了镇压，逮捕了32名参加游行的学生。为了抗议反动政府这一镇压行为，也为了营救被捕学生，北京各大专学校的学生从5月5日起进行总罢课。社会各界也纷纷举行罢市、罢工，支持学生们的爱国行动。在群众运动的强大压力下，几天以后，被捕的32名学生全部获释。5月9日，北京大学校长蔡元培因同情学生而被迫辞职出走。北京学生强烈要求政府挽留蔡元培，各校教职员工也同学生一起参加斗争。19日，北京专科以上学校学生再次总罢课。此后，五四运动席卷全国。最终，中国代表没有出席巴黎和会的签字仪式。

街头游行的学生

街头演讲的北大学生（油画）

黄海之畔的青岛也许不会料到，自己竟如此牵动着国人的心，让无数热血儿女站起来为之奔走呐喊，甚至不惜牺牲自己的生命来换取这一片国土的安宁与回归。青岛，是五四运动的导火索；青岛主权回归，是五四运动的一个重大成果。当年一声“还我青岛”，激起了黄海的万丈碧波，拉开了整个新民主主义革命的序幕，青岛之于“五四”、“五四”之于青岛都可谓意义非凡。

不过，五四运动并没有真正把青岛拉回祖国的怀抱。为了从外国侵略者手中收回青岛主权，中国人民继续进行了不屈不挠的斗争。1922年2月，华盛顿条约终于得以签订，青岛主权得以交还中国，但中国为此付出了6100万日元的巨大代价。1922年12月10日正午，中日在原胶澳总督府举行交接仪式，沦陷于德、日殖民统治长达25年的青岛最终回到祖国怀抱。青岛回归，成为中国收回外国在华租借地的先声。

火烧赵家楼

北京学生游行队伍由广场出发，出中华门，向东交民巷使馆区走去。在东交民巷西口，游行队伍受到中国巡捕阻拦，游行队伍从东交民巷向北，来到赵家楼胡同曹汝霖住宅前。愤怒的学生们高喊“惩办亲日派卖国贼曹汝霖、章宗祥、陆宗舆”的口号，冲入曹宅。学生们痛打了正在曹汝霖家的章宗祥，点燃曹汝霖的住宅。北洋政府出动武装军警镇压，逮捕示威学生32人（其中有北大学生20名）。

“五月的风”

青岛的“五四广场”绿草如茵，风筝飘扬，浪涛拍岸，还有一座火炬一般的红色雕塑，在海天之间潋滟生辉，那就是高达30米，直径27米，重达500余吨的“五月的风”雕像，我国目前最大的钢质城市雕塑。

这个雕塑以青岛作为五四运动的导火索这一主题，充分展示了岛城的历史足迹，凝聚了中华民族浓厚的爱国热情。这个雕塑取材于钢板，并辅以火红色的外层喷涂，其造型采用螺旋向上的钢板结构组合，以洗练的手法、简洁的线条和厚重的质感，表现出腾空而起的“劲风”形象，给人以“力”的震撼。雕塑整体与浩瀚的大海和典雅的园林融为一体，成为“五四广场”乃至整个青岛的灵魂。曾经的血雨腥风，曾经的铁蹄践踏，都已化作尘埃，消失在时光深处。铭刻在青岛心中的，是那片夺目耀眼的红色，是那股蓬勃向上的力量，是那段激情燃烧的岁月。它如同鲜红的火焰，在黄海畔烈烈燃烧，在青岛的记忆中，渐渐凝固成了永恒。

“五月的风”雕塑

不能忘却的黄海丰碑

在这片海域涌动着的潮汐中，埋藏着永远不能被遗忘的海洋丰碑；斗转星移，时空变幻，它们都静默无语地立在那段属于黄海的独特历史里。那里埋葬着为了民族故土舍生取义的英雄，为了祖国前途哀挽叹息的文人，为了追求祥和生活万里奔赴的硬汉，以及一腔热血满怀豪情的青年。是他们，用自己的铮铮铁骨，用自己的殷殷汗水，铸就了黄海之魂，铸就了黄海丰碑。

中国甲午战争博物馆

甲午战争博物馆位于山东威海卫的刘公岛，岛上有江泽民题写的“中国甲午战争博物馆”牌坊，有北洋水师提督署和丁汝昌寓所旧址，有甲午海战期间功不可没的北洋水师铁码头和古炮台，有纪念甲午英烈的北洋水师忠魂碑，有展示中国兵器发展史的中华兵器馆，有保持原始风貌的国家森林公园，有通过声光电等现代手段再现甲午海战壮烈场面的甲午海战馆。馆内通过文物、图片、蜡像、沙盘、模型等多种形式，生动再现了当年北洋水师及甲午战争的历史面貌，使人受到教育和启迪。

海军博物馆

位于青岛市的海军博物馆，是一座全面反映中国海军发展的军事博物馆。海军博物馆室内展厅分中国人民海军史展室、海军服装展室、礼品展室，总面积1100余平方米。中国人民海军史展室展出了古代海军史、近代海军史和人民海军史。通过大量史料，详细介绍了中国海军的起源、发展及其维护国家主权和领土完整的重要历史作用。海军博物馆弘扬了中华民族悠久的历史文化，展示我国海军的发展历史，宣传人民海军的战斗历程和建设成就，增强全民族的爱国意识和海洋国土观念。

新四军纪念馆

位于江苏盐城市的盐城新四军纪念馆是国内较全面、系统地反映新四军抗战史的综合性纪念馆。该馆由主馆区、建军广场、军部旧址三部分组成。广场正中的新四军重建军部纪念碑，由李先念题写碑名；重建军部旧址泰山庙是皖南事变后重建新四军时的军部所在地；纪念馆两侧的半圆雕组合群像，再现了当年华中军民在中国共产党领导下英勇抗战的场景。

黄海故事——历史尘嚣中的清明性灵

海风拂过，放眼望去，黄海广袤无垠、浮光耀金；侧耳倾听，黄海沧海桑田，尘烟滚滚。它所哺育的那些人儿，它所经历的那些事儿，它化身成的诗情画意，它见证过的灿烂辉煌，全都化作抹不去的记忆，在黄海的上空飘荡回旋，那湛蓝的海水，恍若旧时光的回音壁，将那历史的尘嚣回来荡去，余音袅袅，不绝如缕。

这荡漾的乐符之中，有仙风道骨如徐福、丘处机者。满载数千名童男童女寻访仙山，漂洋过海，遥遥无踪，徐福留下的，是苍茫海天中的疑团，至今未解；只身前往，向成吉思汗进言，拯救无数人性命，丘处机拂尘一挥，持天下于肩头，拂世间之污垢。波涛汹涌，涌动的是徐福的身后事；海浪浮沉，浮起的是丘处机的慈悲心。岁月的幽径上，这些仙道之人的身影渐行渐远，但茫茫黄海之滨，因其翩然的衣袂，平添几分豁达透彻。

这缥缈的仙曲之中，有清灵飘扬的“海上仙山”崂山。一笔一画刻在山石之上的《道德经》，一字一句流传于百姓之间的崂山道士，无不道出崂山的清静无为、明朗达观。这座连绵的青山，一手牵着云朵，一手挽着黄海，向它脚下的凡俗人间，不断地注入道家的清明，你且看那太极八卦图，你且赏那精致宏伟的石雕，哪一个不在诉说，这海上仙山的翩然仙气？立足崂山顶峰，俯瞰连绵不绝的山峦，凝视山间奔走的云雾，聆听林间啁啾的鸟鸣，如何不陡升一种天、地、人的胸襟？

正是这份清明，使姜子牙耐住几十年寂寞，渭河边上直钩垂钓，直到明君赏识，成为一代智者；正是这份通透，使康有为忘却前半生的风云际会，晚年定居青岛，在青山绿树、碧海蓝天之间，奏响人世沧桑的回想曲；正是这一胸襟，使田横宁死不屈，作别五百壮士，慷慨赴死，在黄海波光之中，上演悲天恸地的共患难；也正是靠着这份清明通透、这种博大胸襟，黄海经受住了近代史上，帝国主义列强的践踏以及清政府的腐朽与屈辱，奋起直追，如同浴火凤凰一般，绽放出近代实业之繁花，明艳动人。

曾几何时，这里古港巍巍，船只穿梭，熙攘繁荣，无论是胶东半岛，还是辽东半岛，都曾在祖国的怀抱中安享静美岁月，然而鸦片战争一声炮响，招引来了无数饿狼猛虎，这两座位置绝佳的半岛，无疑成了他们竞相争抢的肥肉。于是，胶东半岛、辽东半岛相继落入德国、日本之手，黄海乃至整个中国的尊严，被碾为尘土，踩在脚下，卑微地饮泣。

微尘轻飘，却足以升腾空中。面对众列强的铁蹄，黄海的子民并未唉声叹气、坐以待毙，而是振作起精神，尽力用自己的身躯，阻住敌人侵略的炮火。迎着重重阻挠，道道曲折，北洋舰队向海而生。遥望舰队成立之日，耗费巨大心血的铁甲战舰，阳光之中熠熠生辉，好不威风凛凛。可惜好景不长，盲目的乐观、大肆的克扣，如同连绵阴雨，不断地将那铁甲侵蚀，渐渐地，北洋舰队的船只开始生锈了，枪炮开始失灵了。很快，甲午中日战争黄海海战的号角，变成了北洋舰队的丧音。日本军舰东冲西突，北洋舰队官兵奋勇抵抗，与军舰共存活，爱国赤诚之心，将黄海之波染得红如烈火。

这把烈火，没能阻挡住敌人的坚船利炮；这场军事努力，最终化作海上的泡沫。然而，黄海的那份清明，恰如倔强的阳光，纵然屈辱的阴霾笼罩一时，终能释放蓬勃的能量。黄海的子民把目光从冰冷的军事收回，转向了生机勃发的实业，开始踏上实业救国的路子。张謇带头创立的大生纱厂，如同星星之火，将中国近代民族工业燃成燎原之势，为饱受盘剥、万马齐喑的近代中国，注入了一股奋发图强的民族气节。当巴黎和会决定把德国在青岛的权利转交给日本的时候，这股民族气节化作坚定的脚步，融汇成游行的队伍。青岛一石，激起中华千层浪。

曾经的辉煌灿烂已经逝去，屈辱的余晖也日渐消散，但天灾人祸并未就此离开。穷则思变，不屈不挠的黄海子民，开始收拾行囊，踏上了闯关东的跌宕征程，有的人客死他乡了，有的人却得以衣锦还乡，正似这曲雄壮澎湃的民族乐章中，那交替出现的悲喜调子。

这调子或悠扬或沉郁，却无一不是清透自如，无一不是赋予了黄海子民翩飞的思绪和缤纷的文化。渔人身上飘飞的衣袂，犹如黄海子民任意驰骋的想象；他们口中嘹亮的渔歌，一如黄海子民真挚坦然的心怀。黄海之畔，特色民居静静屹立，述说着黄海的博大无私；海洋狂欢不时上演，展现着黄海的热情奔放；海上习俗敛容以待，呈现着黄海的艰险严峻。

黄海是优美舒展的，又是悲壮震撼的：一则则美丽的传说口口相传——热心助人的“老人家”、秦始皇东巡的“天尽头”、凄怆哀婉的“石老人”，连成一串，将黄海装点得分外动人；一朵朵芬芳的艺术之花赏心悦目——《镜花缘》中的海外奇遇、一片冰心的烟台海滨、雄浑壮阔的《田横五百壮士图》，色彩、声音、影像融为一体，黄海愈发立体生动。美妙与凄怆相互碰撞、相互融合，黄海别样清明的性灵跃然纸上。

艺术，凝固了黄海的潋滟风姿；历史，铭刻着中华儿女的奋进精神。这片海域之上，弥漫着浪漫情怀，涌动着华夏气节。海水中裹挟的那些人，那些事，那些诗情画意、辉煌灿烂、历史记忆，已经全都化作茫茫碧色，唯有千堆雪卷起之时，方能如绽开的花蕊，将那万千往事吐露。而今，波涛依旧拍岸，黄海依旧浪花飞舞，那奔涌不息的千川百水，依旧汩汩不绝汇入其中，为这黄海雪浪平增一分生机，平添一股朝气。

纷飞杂陈的历史尘嚣之中，黄海曾经缥缈如仙，曾经气势如虹，曾经气定神闲，曾经风起云涌。任时光雨打风吹，黄海一如松竹，兀自清澈明朗；而那澄净的光华，穿透幽暗的岁月，点亮了中国人的蓝色梦想，也照亮了实现中华民族伟大复兴的中国梦。

图书在版编目（CIP）数据

黄海故事/陆儒德主编．—青岛：中国海洋大学出版社，2013.6
（魅力中国海系列丛书/盖广生总主编）
ISBN 978-7-5670-0334-7

Ⅰ.①黄… Ⅱ.①陆… Ⅲ.①黄海－概况 Ⅳ.①P722.5

中国版本图书馆CIP数据核字（2013）第127141号

黄海故事

出 版 人　杨立敏
出版发行　中国海洋大学出版社有限公司
社　　址　青岛市香港东路23号
网　　址　http://www.ouc-press.com
策划编辑　由元春　电话 0532-85902349
责任编辑　由元春　电话 0532-85902349
印　　制　青岛海蓝印刷有限责任公司
版　　次　2014年1月第1版
成品尺寸　185mm×225mm
字　　数　80千
邮政编码　266071
电子信箱　youyuanchun67@163.com
订购电话　0532-82032573（传真）
印　　次　2014年1月第1次印刷
印　　张　10.25
定　　价　24.90元

发现印装质量问题，请致电 0532-88785354，由印刷厂负责调换。